KB270133

한입 크기

핑거푸드
Finger Food

푸드스타일리스트 **송원경**

예신 Books

finger food

현대 사회는 디자인이 강조되는 시대이다. 이로 인해 식생활 역시 디자인을 중시하는 흐름을 타고 있다. 식재료의 품질 또한 상향 평준화되어가고 있어 미각과 후각에 머무르는 요리는 더 이상 경쟁력을 가지기 힘들게 되었다. 이러한 시대적 흐름 하에 시각적인 요소를 음식에 접목시키는 '푸드디자인' 분야와 음식이 빠질 수 없는 '파티이벤트' 분야의 중간점에서 '핑거푸드'라는 단어가 출현하게 되었다.

'핑거푸드'는 말 그대로 손으로 집어먹어도 괜찮은 한입에 쏙 들어가는 작은 크기로 만든 음식이다. 같은 음식이지만 음식 크기와 담는 방법을 달리해 작은 사이즈로 만든 음식들 위주로 책을 구성하였다.

이 책은 푸드스타일링과 파티 현장에서 푸드스타일리스트와 파티케이터러로 10여 년 간 일해오면서 새로운 음식 흐름을 생생히 체험하고 시각적으로 기록한 것으로 정찬이 아닌 가벼운 파티를 위한 요리책이다. 요리에 관심이 많은 주부나 일반인, 또한 이 분야로 진출하고자 하는 학생들이나 조리 관련 직업인들에게 유용하게 활용되기를 바라는 마음으로 이 책을 만들게 되었다.

푸드스타일리스트와 파티케이터러는 아이디어와 열정만 있으면 누구라도 가능한 직업으로, 작은 호기심만 있으면 충분하다. 이런 생각이 독자들에게 전달되어 푸드스타일링과 파티 분야에 대한 관심이 높아져 이 분야로 진출하고자 하는 사람이 많이 나와 주었으면 하는 바람이다.

의욕과 열정이 앞서다 보니 부족한 부분이 눈에 띄겠지만 독자 여러분의 너그러운 이해를 바라며 아낌없는 격려와 조언을 기대해 본다.

일할 수 있는 기회를 주신 하나님과 사랑하는 가족들, 촬영과 파티 일로 바쁜 일정 속에서도 내 일처럼 도와준 플레져 팀원들, 늘 배려를 아끼지 않으시는 예신북스 사장님 및 편집부 직원들에게 깊이 감사드린다.

송원경(sowon522@hanmail.net)

차례

01 그릇까지 먹는 **핑거푸드**

02 돌돌 말아서 만드는 **핑거푸드**

03 꼬치를 이용한 **핑거푸드**

04 작은 그릇을 이용한 **핑거푸드**

05 작아도 든든한 핑거푸드

06 음료와 디저트

한눈에 쉽게 알 수 있는 기본 계량법

계량스푼 | 1큰술은 15cc, 1작은술은 5cc를 말한다. 계량할 때에는 반듯하게 깎아서 한다.

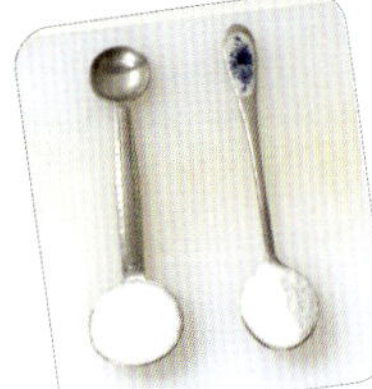

계량스푼 1큰술
= 일반 숟가락 1큰술

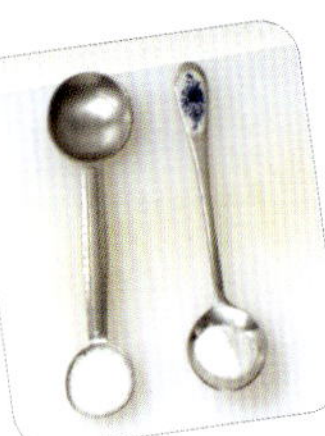

계량스푼 1작은술
= 일반 숟가락 1작은술

정확한 계량법
(반듯하게 깎아서 계량)

계량컵

계량컵 200cc = 유리컵 200cc

계량컵 | 계량컵 1컵은 200cc를 말한다.

계량저울 | 계량저울을 사용할 때에는 눈금을 항상 0에 맞추어야 한다. 그릇을 올렸을 때는 그릇 무게를 빼고 '0' 으로 맞추어 계량한다.

눈금 '0'에 맞추기

그릇 놓고 '0'에 맞추기

* **약간** : 엄지와 검지손가락으로 집은 양을 말하며, 1/8 or 1/16 작은술 정도이다.

Finger Food

핑거푸드

핑거푸드는 칵테일 파티나 와인 파티 등 스탠딩 파티에 어울리는 먹기 편하게 만든 한입 크기의 음식을 말한다. 파티용 음식이라 생각하면 어려운 감이 있지만 우리에게 익숙한 김밥이나 유부초밥, 닭꼬치 등을 생각하면 쉽게 이해할 수 있을 것이다.

파티 중에 실수가 없도록 소스나 국물이 흐르지 않는 음식, 냄새가 강하지 않은 음식, 비주얼이 좋은 음식 등을 요구하는 고객들이 많아짐에 따라 핑거푸드는 날로 파티 음식으로 전문화되어가고 있다.

핑거푸드는 야채나 과일, 페이스트리 등등 다양한 식재료를 이용해서 음식의 맛은 물론 그릇까지 먹을 수 있는 음식으로 표현된다면 더욱더 좋다.

예전의 파티에는 외국음식으로만 만들어진 핑거푸드가 대세였지만 최근에는 다양한 한국음식을 핑거푸드화해서 우리 입맛에 맞는 핑거푸드가 많이 선보이고 있다.

핑거푸드의 1인 분량

손님 한 명에게 얼마만큼의 음식을 제공해야 하는가는 파티의 성격이나 손님에 따라 달라진다. 앉아서 식사하는 경우는 스탠딩 파티 때보다 식사시간이 길고 그에 따라 식사량이 많다. 보통의 일반 파티라면 요리 하나당 핑거푸드 1.5개를 1인분으로 잡고, 홈파티나 인원이 적을 경우는 1인분 양이 더 늘어나게 된다.

식사 시간대는 메인 식사를 제외하고 1인당 핑거푸드 10개, 디저트 2~3종류, 음료 1~2종류를 먹는다고 본다. 음식을 기준으로 하면 요리 하나당 1.5개에서 2개의 핑거푸드를 먹는다.

파티와 케이터링

파티(party)란?

파티는 친척, 친구 등 소규모 모임에서부터 결혼, 피로연, 생일 축하연, 행사, 기념회 등 사교, 친목 등을 목적으로 한 모임을 의미한다. 따라서 광범위한 범위에서 볼 때 파티는 몇 사람이 모여서 집이나 음식점 등에서 이루어지는 소규모의 이벤트로 볼 수 있다.

파티 케이터링이란?

파티 케이터링은 파티에 음식을 제공하는 일을 말하지만, 우리나라에서는 음식 제공뿐 아니라 식기 선정, 파티 공간 연출 등을 포함하는 경우가 많다.

파티의 종류

홈 파티

집이나 기타 다른 장소에서 행해지는 소규모 파티로 생일, 기념일, 집들이, 친구들과의 모임, 송년 파티, 피크닉 등을 예로 들 수 있다.

- 특징 : 인원수는 적지만 손님 개개인의 취향을 잘 파악해야 하는 세심함이 요구된다.

비즈니스 파티

회사 시무식이나 종무식, 제품 홍보를 위한 프로모션 행사, 비즈니스 미팅을 위한 식사 등이 이에 속한다.

- 특징 : 파티의 목적이 분명한 경우가 많다.

연 회

결혼식, 약혼식, 회갑연, 돌잔치와 같이 여러 사람이 모여 베푸는 잔치를 말한다.

- 특징 : 넓은 장소와 여러 종류의 음식, 그에 맞는 술과 음료, 행사 내용에 따른 이벤트 등 시간과 노력, 비용이 가장 많이 드는 파티이다.

테마 파티

발렌타인데이 파티, 할로윈 파티, 크리스마스 파티 등을 예로 들 수 있다.

- 특징 : 파티의 목적이 분명하고, 각각의 테마에 따라 상징되는 음식이나 공간, 분위기 등을 제대로 연출해야 한다.

자주 사용하는 시판용 식재료

피시 소스 (fish sauce)
동남아 지역에서 많이 먹는 생선이나 해산물을 발효시킨 맑은 액체의 소스이다. 야채 샐러드, 볶음밥 등의 간을 할 때, 국수의 비빔 소스, 튀김이나 구이의 딥소스로 다양하게 이용된다.

스리랏차 칠리 소스 (sriracha chili sauce)
태국식 매운맛 소스이다. 살사 소스로 만들어 해산물과 함께 매콤한 파티요리에 응용하면 좋은 소스이다.

칠리 소스 (chili sauce)
멕시코의 대표적인 고추인 붉은 칠리를 굵게 갈아 생강과 식초를 넣은 매운맛의 소스이다. 스파게티, 라자냐 등의 파스타를 비롯해 토마토 소스가 사용되는 서양요리에 두루 쓰여 자극적인 맛을 더해준다.

블랙빈 소스 (black bean sauce)
검정콩으로 만든 중국의 대표적인 발효식품으로 주로 볶음류의 소스나 자장면에 쓰인다.

큐민 (cumin)
카레에 들어있는 향신료로 식물의 씨앗이다. 약간 쌉쌀하고 달콤하면서도 다소 자극적인 향료로 이탈리아, 멕시코 요리에 많이 사용된다.

페타치즈 (feta cheese)
그리스의 발칸에서 양젖 또는 우유로 만들어 신선한 상태로 먹게 만든 치즈이다. 파스타의 토핑으로 쓰거나, 빵의 반죽에 넣는 등 요리에 두루 사용된다.

홀스래디쉬 (horseradish)
겨자과의 식물(서양 고추냉이, 매운 무)로 만들어진 맵고 자극적인 향신료이다. 병조림 제품으로 많이 판매되며 로스트비프나 생선, 굴요리 할 때 쓰이고 훈제 연어와 함께 이용한다.

금가루 (gold powder)
황금을 아주 미세하게 부순 분말로, 장식용으로 사용하면 화려하고 고급스러운 이미지를 나타낼 수 있다.

피클 렐리쉬 (pickles relish)
다진 피클을 말한다. 샌드위치 스프레드에 섞어 느끼한 맛을 잡아주는데 이용하면 좋은 재료이다.

케이퍼 (capers)

지중해 식물의 피지 않는 꽃봉오리를 식초나 소금, 기름에 절인 작고 부드러운 녹색 알맹이다. 육류나 생선요리의 냄새 제거에 쓰거나 생 것을 다져서 소스나 드레싱, 마요네즈에 섞어 쓴다.

씨겨자 (dijon mustard)

프랑스 디종 지방에서 유래한 겨자. 화이트 와인과 포도즙, 허브 등을 첨가해 프렌치 머스터드에 비해 톡 쏘는 맛이 나면서도 끝맛은 부드러운 것이 특징이다.

피클링 스파이스 (pickling spice)

서양에서 많이 이용하는 혼합 스파이스로, 올스파이스, 월계수잎, 계피, 흑후추, 정향, 칠리, 고수, 겨자씨, 캐러웨이씨, 칠리, 회향씨, 심황, 카다몬, 메이스 딜, 생강 등을 혼합하여 피클을 담글 때 쓰는 향신료.

바닐라빈 (vanilla bean)

바닐라는 독특한 향을 지니고 있어 제과 제빵에 빠지지 않는 재료이다. 바닐라빈은 속씨를 긁어 쓰며 고급 제과에 사용하여 깊고 풍부한 맛을 준다.

코코넛 롱 (coconut long)

코코넛 과육을 말려 잘게 썰어놓은 것이다. 케이크나 쿠키 만들 때 자주 사용되며, 씹히는 맛이 진한 고소함을 더해 준다. 과일 샐러드나 코코넛 소스에도 사용된다.

코리엔더 (coriander pawder)

동남아시아 요리 특유의 향인 코리엔더(고수, 실란트로, 팍치)를 말려 가루로 만든 향신료. 피를 맑게 하는 효능과 성인병 예방에 좋다. 대파를 사용하듯 다양하게 이용되며, 특히 커리의 재료로 많이 쓰인다.

엔초비 (anchovies)

지중해에서 주로 잡히는 멸치류의 생선이다. 소금에 절여서 머리와 뼈를 제거하고 올리브오일에 담근 것이다.

라이스페이퍼 (rice paper)

쌀가루에 소금, 물을 넣고 얇게 반죽하여 끓인 쌀죽을 대나무 체에 얇게 펴 말린 것이다. 따뜻한 물에 불려서 사용하는데 야채나 고기, 새우 등을 놓고 말아서 먹는다.

춘권피 (spring roll paper)

중국의 대표적인 요리인 스프링 롤을 만드는 데 쓰인다. 속을 채워 굽거나 튀기면 고소함이 더 살아나는 특징이 있다. 컵모양으로 만들어 베이스로 사용하면 좋다.

"와인은 우리의 일상에 넉넉함과 안락함, 편안함을 제공하며, 우리에게 관대함을 허락한다."
–벤자민 프랭클린–

원래 서양 음식은 육류가 주가 되어 있기 때문에 식사가 진행되면, 입 속에 기름기가 엉기어, 다음에 먹는 요리에 대한 미각이 차차 둔해진다. 와인은 그 독특한 신맛과 떫은맛으로 입 안의 지방분을 제거해 주고 신선한 미각을 되찾게 해 주는 작용을 한다. 또한 '와인' 의 알콜 성분은 위를 알맞게 자극하여 식욕을 돋우어 주기도 한다. 그것 때문에 와인은 서양 음식에서 빠뜨릴 수 없는 술이라고 할 수 있다.

아로마(aroma)와 부케(bouquet)

아로마는 포도의 향기이고, 부케는 와인의 전체적인 향기를 말한다.

드라이(dry)

달콤하지 않는 와인을 나타낸다.

크리스피(crispy)

산뜻한 산성을 가진 화이트 와인. 당도가 증가함에 따라, 산성은 감소한다.

소프트(soft)

달콤하고 부드러운 맛과 감촉을 가진 와인을 표현하는 단어이다. 또한 부드러운 타닌 맛을 표현하기도 한다.

탄닌(tannin)

와인의 드라이한 느낌은 삼킨 후에도 입 안에 남게 된다. 기억해야 할 것은, '탄닌' 이라는 것은 맛이 아닌, 촉감이라고 할 수 있다. 탄닌은 또한 자연적으로 방부제 효과를 지닌다. 호두와 차(tea)에도 탄닌 성분이 포함되어 있다.

맛의 강도

맛과 향의 전체적인 인상. 와인의 향이 강한지 약한지를 나타낸다.

오키(oaky)

오크 상자 안에서 숙성되면서 생긴 맛과 향을 표현하는 단어이다.

바디(body)

입 안에서 느껴지는 풍부함을 나타내는 말로, light, medium, full. 대개 알코올 수치가 높을수록 더 풍부한 느낌을 가지고 있다.

프루이티(fruity)

과일 향과 아로마를 가진 와인을 말한다.

피니쉬(finish)

와인을 삼킨 후에 입 안에 남는 인상을 나타낸다. short, medium, lingering. 고급 와인이라면 오랫동안 유쾌한 뒷맛을 가지고 있다.

{ 와인 시음하기

가장 중요한 것은 바로 '혀'

사람의 혀는 네 가지 기본적인 감각인 단맛, 신맛, 짠맛, 쓴맛만을 인지한다. 각각의 맛은 혀의 특정 부위에서 인지된다. 단맛은 혀의 앞쪽 끝부분에서, 짠맛은 가운데 부분에서, 쓴맛은 혀의 뒤쪽에서, 그리고 신맛은 혀의 양쪽 끝부분에서 각각 인지된다.

와인의 맛을 보는 요령은 와인을 약간만 입 속에 넣고 혀끝으로 굴리듯이 하여, 천천히 단맛 · 짠맛 · 신맛 · 쓴맛 등 네 가지 맛을 감별하는 것이다.

어떤 와인이라도 위의 네 가지 맛 중에서 어느 하나만 유별나게 느껴지는 것은 없으며, 만일 있다면 그것은 질이 좋은 와인이 아니다. 일률적으로 말하기 어렵지만 와인은 보통 네 가지 맛의 균형과 조화에 의해서 맛이 있고 없고가 결정된다고 할 수 있다.

와인을 시음하는 5가지 기본 단계

 **색**

흰색을 바탕으로 와인의 전체적인 색을 살펴본다. 와인의 색, 색의 진한 정도, 그리고 와인의 맑은 정도를 살펴본다. 색은 포도의 품종 및 나이를 나타낼 뿐 아니라, 와인이 우드 안에서 숙성이 되었는지 아닌지를 나타내기도 한다. 레드 와인의 경우, 초기에 다소 보라색에 가깝고, 숙성 단계를 거치면서 붉은 벽돌색을 띠게 되며, 완전히 상해 버릴 경우, 갈색을 띠게 된다. 저 품질의 와인은 대개 맑고 투명하지 못한 색을 띤다.

 **향**

숙성 기간, 품종, 결함(fault) 등의 특성을 향으로 판별할 수 있다. 와인은 최소한 세 번 이상 향을 맡아 봐야 한다. 와인 잔을 흔들어 주게 되면, 유리잔의 내부를 와인으로 감싸주고 표면적을 높여주어 좀 더 많은 향을 느낄 수 있다.

 **맛**

처음 느껴지는 맛과 다음으로 느껴지는 맛, 입에 닿는 맛, 숙성 정도, 그리고 전체적인 품질을 느껴야 한다. 와인을 삼키기 전에 3~5초 정도 입 안에 남겨두고, 와인을 조금씩 삼키도록 한다. 입 안으로 약간의 공기를 마시면, 좀 더 강한 맛을 느낄 수 있다.

{ 와인 대접하기

• 음식과 와인

  생선 요리에는 화이트 와인, 육류 요리에는 레드 와인이라는 생각은 잘못된 것이다. 화이트 와인처럼 높은 산성의 와인은 간편한 요리에 어울리고, 레드 와인처럼 높은 타닌의 와인은 양념이 진한 요리에 어울린다. 달콤한 와인은 치즈와 잘 어울리고, 드라이한 와인은 달콤한 음식과 어울리지 않는다.

• 궁 합

  Riesling 와인과 훈제 생선
  Sauvignon Blanc 와인과 굴
  Chardonnay 와인과 크림 요리
  Pinot Noir 와인와 오리고기
  Shiraz 와인과 양고기
  Cabernet Sauvignon 와인과 쇠고기
  Port 와인과 블루치즈

• 순 서

  와인을 서브하는 순서에는 'Red meat, red wine : White meat, white wine' 외에 'Dry before sweet, young before old' 라는 원칙이 있다. 달콤한 와인보다 드라이한 와인을 먼저 마시고 오래된 와인보다 새로운 와인을 먼저 마시고, 고급 와인보다 일반 와인을 먼저 마신다.

• 잔 : 1/3에서 1/2 정도 채운다.

보르도 와인 잔   버건디 와인 잔   레드 와인 잔   화이트 와인 잔   샴페인 잔

음료에 따른 파티 메뉴 제안

티 파티

세 가지 부르스케타 (33p)

햄 치즈 브리또 (51p)

믹스베리 타르트 (139p)

레몬 모히토 (131p)

화이트와인 상그리아 (133p)

와인 파티

모둠 카나페 (41p)

살라미 치즈 꼬치 (65p)

그릴 야채 꼬치 (67p)

훈제연어 크림 치즈롤 (49p)

또르띠아 컵에
담은 야채볶음 (37p)

맥주 파티

치킨 랩 샌드위치 (119p)

미니 피자 (127p)

진저윙 (115p)

크랩 케이크 (93p)

미니 햄버거 (123p)

전통주 파티

동남아 비빔 쌀국수 (87p)

두부구이와 호박 (35p)

매운 닭꼬치 (77p)

보쌈 카나페 (125p)

야채 무쌈 말이 (57p)

Elements of table
테이블의 기본 요소

테이블 위에 놓이는 테이블웨어(tableware)에는 디너웨어, 커틀러리, 린넨, 글라스웨어, 센터피스, 초류, 냅킨 홀더나 플레이스 카드 스탠드(place card stand), 소금과 후춧가루 통, 은이나 도자기 장식품 등의 다양한 종류가 있다. 그 중에서 테이블 코디네이트에 반드시 필요한 디너웨어, 커틀러리, 린넨, 글라스웨어, 센터피스의 다섯 가지를 테이블의 기본 요소라 한다.

■ 일반적인 테이블 세팅의 순서
- 언더클로스를 깔고 그 위에 테이블클로스를 씌운다.
- 개인 식공간 앞자리에 프레젠테이션 접시나 디너 접시 및 앞 접시 등을 메뉴와 격식에 따라 세팅한다.
- 메뉴와 격식에 따라 커틀러리를 놓는다.
- 메뉴에 따라 글라스를 놓는다.
- 장식품(센터피스, 네임 카드 등)을 세팅한다.
- 모든 세팅이 끝나면 깨끗하게 정돈된 냅킨을 세팅한다.

디너웨어(dinnerware)

디너웨어는 식사를 할 때 사용되는 각종 그릇을 총칭하는 말로, 식탁 위의 많은 소품들 중에서 시각적으로나 기능적으로 큰 비중을 차지한다.

커틀러리(cutlery)

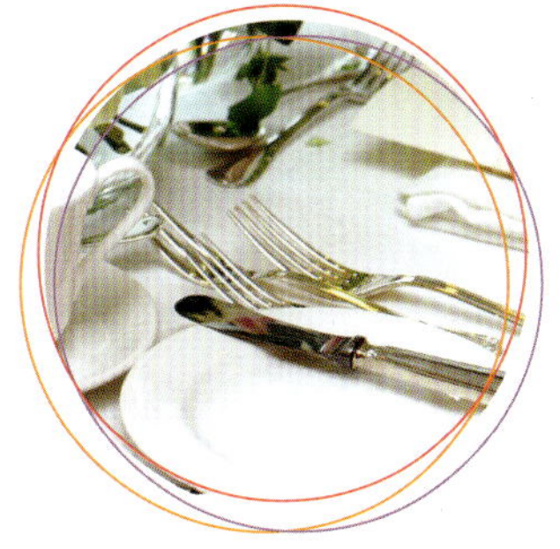

커틀러리는 음식을 먹기 위해 운반하거나 자르는 도구로서, 메뉴와 용도에 따라 다양한 커틀러리가 사용된다.

린넨(linen)

린넨은 식사할 때 사용되는 여러 가지 천 종류를 이르는 것으로, 언더 클로스(undercloth), 테이블클로스(tablecloth), 테이블 러너(table runner), 플레이스 매트(table mat), 냅킨(napkin) 등이 있다.

글라스웨어(glassware)

글라스는 물과 와인류 등을 담는 용기로, 그 종류는 고블릿 (goblet), 레드 와인, 화이트 와인, 샴페인 글라스, 텀블러 (tumbler) 등등 다양하다.

센터피스(centerpiece)

센터피스는 음식과는 상관 없지만 꽃이나 과일로 식탁 위를 장식해 식욕을 돋우어 주고 촛대나 소품으로 식탁의 분위기를 연출하는 역할을 한다. 공간 연출에 있어 예술적이고 연출자의 개성을 잘 표현할 수 있다.

그릇까지 먹는 핑거푸드

오이컵 타이 비프 샐러드

수분 함량이 많아 아삭하고 상큼한 오이 속에 타이 드레싱으로 버무린 고기와 야채
를 담아낸 애피타이저

만들기

1 **오이 준비하기** 오이는 곧고 일정한 두께의 것을 골라서 소금으로
  문질러 깨끗이 씻어 물기를 뺀다.

2 **오이컵 만들기** 준비한 오이를 3cm 길이로 일정하게 썰고 티스푼
  이나 작은 스쿱을 이용해서 씨부분을 파내어 오이컵을 만든다. 이
  때 바닥이 뚫리지 않도록 조심해야 한다.

3 **쇠고기 굽기** 쇠고기는 소금, 후춧가루로 밑간한 후 프라이팬에 기
  름을 두르고 센 불에서 익힌 다음 0.3×0.3cm 크기로 썬다.

4 **드레싱 만들기** 드레싱에 들어가는 채소는 입자있게 일정한 크기로
  다지고 분량의 재료와 섞어 드레싱을 만든다.

5 **오이컵에 샐러드 담기** 준비한 고기를 오이컵에 담고 드레싱을 위에
  얹어서 예쁘게 담아 낸다.

Cooking note

오이컵 속재료를 다양하게 바꿔서 색다른 메뉴를 만들 수 있다. 토마토 살사
(33쪽 참조)와 함께 담으면 색이 화려해서 예쁘게 보인다.

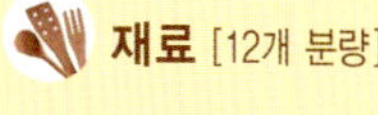

재료 [12개 분량]

쇠고기 등심 100g
오이 2개
소금, 후춧가루 약간씩

드레싱
다진 양파 2큰술
라임주스 4큰술
설탕 1작은술
피시 소스 1큰술
홍고추 다진 것 1큰술
민트잎(다져서) 약간
실파 1대
올리브오일 2큰술

1. 오이 준비하기

2. 오이컵 만들기

4. 드레싱 만들기

5. 오이컵에 샐러드 담기

토마토 컵 치즈

재료도 간단하고 색이 예뻐서 시각적으로 화려한 파티에 잘 어울리는 요리

만들기

1 **방울토마토 컵 만들기** 방울토마토는 깨끗이 씻어 물기를 뺀 다음 꼭지 따지 않은 부분을 썰어 뚜껑을 만들고 속은 티스푼이나 스쿱으로 파내어 방울토마토 컵을 만든다.

2 **크림치즈 필링 만들기** 볼에 크림치즈와 레몬즙을 넣고 부드러운 크림 상태가 되도록 잘 풀어준다.

3 **크림치즈 짜기** 크림치즈는 짜주머니에 별깍지를 끼워 넣고 크림치즈 필링을 담은 후 토마토 컵에 짜 넣는다.

4 **접시에 담기** 접시에 토마토 컵 치즈를 담고 미리 준비해 둔 뚜껑을 덮어 낸다.

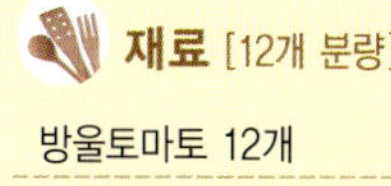

재료 [12개 분량]

방울토마토 12개
크림치즈 6큰술
레몬즙 1/2개분

크림치즈

Cooking note

크림치즈는 스프레드용 제품을 사용해도 좋고, 블록 제품의 경우는 상온에서 부드럽게 한 후 섞어 주면 된다.

춘권 컵에 담은 버섯볶음

바삭하게 구운 중국식 춘권 컵에 버섯볶음을 담아 그릇까지 먹는 요리

만들기

1 춘권 컵 준비하기 춘권피를 이용하여 춘권 컵을 만들어 준비한다.

2 버섯 썰기 버섯은 깨끗이 씻어 물기를 제거한 뒤 3cm 길이로 슬라이스한다.

3 양파 썰기 양파는 얇게 채썰어 준비한다.

4 버섯 볶기 달군 프라이팬에 식용유를 약간 두르고 양파를 볶다가 투명해지면 버섯을 넣고 볶는다.

5 양념하기 분량의 양념을 버섯에 넣고 볶으면서 소금, 후춧가루로 간을 맞추고 참기름을 넣은 후 불을 끈다.

6 춘권 컵에 버섯볶음 담기 춘권 컵에 버섯볶음을 담아 접시에 올린다.

재료 [12개 분량]

춘권피 4장
표고버섯 4장
느타리버섯 1덩이
새송이버섯 1개
양파 1/2개
식용유 약간

양 념
굴소스 1작은술
간장 1작은술
설탕 1작은술
참기름 1작은술
소금, 후춧가루 약간씩

Cooking note

춘권 컵 만들기

1. 춘권피는 4등분해서 물을 살짝 발라 부드럽게 만든다.
2. 미니 머핀틀에 넣고 컵 모양을 잡아준다.
3. 180℃로 예열된 오븐에서 10분간 노릇하고 바삭하게 굽는다.

미니 파히타

파히타는 또르띠야에 싸서 먹는 멕시코 요리를 한입 크기로 변형한 파티 요리

만들기

1 또르띠야 컵 만들기 ① 또르띠야는 지름 7cm 길이의 원형 틀로 찍어 준비한다. ② 오븐을 180℃로 예열한 뒤 미니 머핀 팬에 또르띠야를 넣고 손으로 바닥을 꾹꾹 눌러 모양을 잡아준다. ③ 예열된 오븐에 넣어 15분간 굽는다.(37쪽 그림 참조)

2 쇠고기 재우기 지퍼백에 우스터 소스, 라임주스, 다진 마늘, 큐민, 소금, 후춧가루, 칠리파우더를 넣고 식용유와 쇠고기를 함께 넣고 흔들어서 한 시간 이상 재운다.

3 채소 썰기 파프리카는 씨를 제거하고 과육만 1×1cm 정도로 깍둑 썰고, 양파도 같은 크기로 썬다.

4 쇠고기 굽기 달군 프라이팬에 재워둔 고기를 노릇하게 구워서 1×1cm 크기로 썬다.

5 채소 볶기 고기를 뺀 양념에 양파와 피망을 넣고 흔들어 센불에서 프라이팬에 살짝 볶는다.

6 또르띠야 컵에 담기 구워진 또르띠야 컵에 고기와 야채를 고루 넣고 위에 구와카몰을 조금씩 올려 준다.

재료 [12개 분량]

또르띠야(20cm) 3장

쇠고기 등심 200g

파프리카 각각 1/2개씩

양파 1/2개

재움 양념

우스터소스 1작은술

라임주스 1/2작은술

다진 마늘 1작은술

큐민 약간

소금, 후춧가루 약간씩

칠리파우더 약간

구와카몰 2큰술

구와카몰(Guacamole) 소스
멕시코에서 아보카도를 뜻하는 '구아카'에서 온 것이며, '몰레'는 멕시코 원주민 언어로 '소스'를 뜻한다. 아보카도의 과육을 잘 으깨 다진 양파와 토마토, 고수를 넣고 소금 간을 한 것이다. 아보카도의 변색을 막기 위해 레몬즙이나 라임즙을 약간 뿌리기도 한다.

Cooking note

또르띠야를 곁들인 멕시코 요리의 종류

타코(taco) : 튀긴 또르띠야에 야채나 닭고기, 해산물, 치즈 등을 넣어서 먹는 것을 말한다. 타코는 나초 칩처럼 주로 살사 소스를 곁들여 먹는다.

부리또(burrito) : 또르띠야 안에 야채와 쇠고기, 콩, 토마토, 치즈 등을 넣고 또르띠야를 네모로 접어 오븐에 구운 다음 소스와 샤워크림을 곁들여 먹는 요리이다.

파히타(fajita) : 각종 양념과 함께 야채 및 쇠고기, 치킨, 새우 등을 또르띠야에 싸서 먹는 멕시코 정통 음식이다.

양송이버섯 컵에 담은 토마토

오븐에 구워 깊고 진한 맛을 느끼게 하는 토마토와 치즈, 버섯의 궁합이 잘 맞는 요리.
배가 좀 불러도 부담없이 먹을 수 있는 가벼운 요리이다.

만들기

1 드라이 토마토 만들기 토마토를 반으로 갈라 올리브오일에 버무린 후 소금, 후춧가루를 뿌린 후 팬에 올려 130℃로 예열한 오븐에 1시간 가량 물기가 없어질 때까지 굽는다.

2 양송이버섯 컵 만들기 양송이버섯은 크기가 일정하고 예쁜 것으로 골라 페이퍼타월로 문질러 닦고 티스푼을 이용해 기둥을 떼어 낸다.

3 양송이버섯 굽기 준비한 양송이버섯을 오븐에 넣고 살짝 겉만 굽는다.

4 양송이버섯 컵에 담기 양송이버섯 컵에 드라이 토마토와 페타치즈를 예쁘게 얹고 그릇에 담을 때 약간의 채소를 이용해 포인트를 준다.

Cooking note

페타치즈(feta cheese)

그리스에서 만들어진 2000년 이상의 역사를 지닌 연질 치즈이다. 허브와 소금, 올리브오일에 담가 보관한다. 먹기 전에 우유에 담가 소금기를 뺀 후, 토마토, 오이, 양파 등과 함께 그리스식 샐러드를 해 먹거나, 파스타의 토핑으로 쓰거나, 빵의 반죽에 넣는 등 치즈가 들어가는 요리에 두루 사용된다.

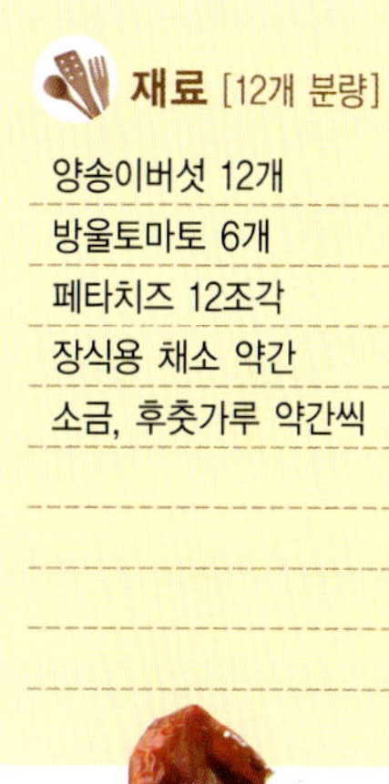

재료 [12개 분량]

양송이버섯 12개
방울토마토 6개
페타치즈 12조각
장식용 채소 약간
소금, 후춧가루 약간씩

1. 드라이 토마토 만들기
2. 양송이버섯 컵 만들기
3. 양송이버섯 굽기
4. 양송이버섯 컵에 담기

세 가지 부르스케타

부르스케타는 다양한 재료를 바게트 위에 올린 카나페를 말한다.

깻잎 페스토와 구운 마늘

재료 깻잎 30장, 마늘 2개, 잣 1큰술, 올리브오일 1/4컵, 소금 약간

만들기 깻잎은 소금물에 데쳐 꼭 짠다. 커터기에 데친 깻잎, 잣과 마늘을 넣고 올리브오일로 농도를 조절하며 갈아 준다. 구워낸 바게트 위에 올려 낸다.

깻잎 페스토와 구운 마늘

> ### *Cooking note*
> **마늘 올리브 만들기**
> 마늘은 꼭지를 떼고 깨끗이 씻어 키친타월에 물기를 완전히 제거한 뒤 냄비에 넣고, 마늘이 잠길 정도로 올리브오일을 넣고 약한 불에서 끓인다. 마늘이 노릇한 색이 나면서 향이 풍겨오면 불에서 내려 식힌 후 믹서에 곱게 간다.

타페나드 (tapenade)

재료 올리브 1/2작은술, 엔초비 4개, 케이퍼 1큰술(짜지 않은 것), 마늘 1톨, 엑스트라 버진 올리브 오일 1/4컵

만들기 모든 재료를 커터기에 넣고 간다. 이때 같은 크기로 다져지도록 주의해야 한다. 빵 또는 크래커 위에 얹고 잣을 올려 낸다.

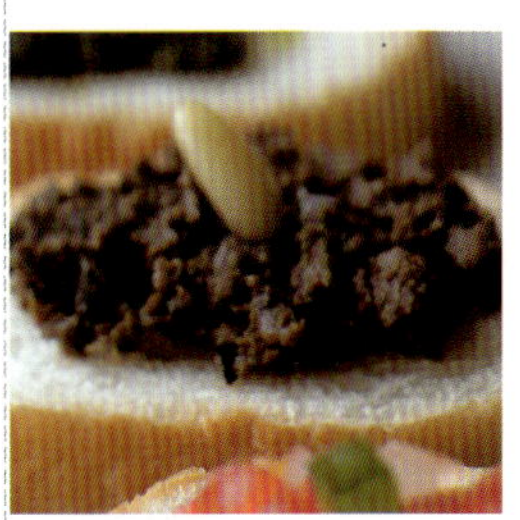

타페나드 (tapenade)

토마토 살사 부르스케타

재료 토마토 10g, 양파 10g, 파프리카 5g, 핫소스 1큰술, 레몬주스 1/2작은술, 소금·후춧가루 약간씩(시판용 살사에 파프리카, 핫소스, 소금, 후춧가루를 추가해도 좋다.)

만들기 토마토는 껍질을 벗기고 씨를 제거한 후 0.3cm로 입자 있게 다지고, 나머지 양파와 파프리카도 토마토와 같은 크기로 입자 있게 다진다. 분량의 재료를 다 넣고 섞어 냉장고에 1시간 가량 두었다가 바게트 위에 올린다.

토마토 살사 부르스케타

두부 구이와 호박

저칼로리이면서도 영양이 뛰어난 두부는 어떤 음식과도 잘 어울려 다양한 퓨전 메뉴에 이용하기 아주 좋은 재료이다.

만들기

1 **두부 썰기** 두부를 3×3cm 크기로 네모지게 잘라 소금을 뿌려 밑간해둔다. 두부의 수분이 빠지면서 좀 더 탄력이 생기고, 구울 때 부서지지 않는다.

2 **애호박 썰기** 애호박은 1cm 굵기의 부채꼴 모양으로 썬다.

3 **애호박 볶기** 애호박은 소금, 후춧가루를 뿌려서 기름 두른 프라이팬에 센 불에서 재빨리 볶아 식힌다.

4 **홍고추 링썰기** 홍고추는 씨를 털어낸 후 얇게 링으로 썬다.

5 **두부 굽기** 키친타월로 두부의 물기를 제거한 뒤 달군 프라이팬에 노릇하게 굽는다.

6 **그릇에 담기** 두부 위에 호박, 고추 순으로 예쁘게 얹고 꼬치로 고정시킨 후 오리엔탈 드레싱을 뿌리거나 곁들여 낸다.

 **재료** [12개 분량]

부침용 두부 1/2모

애호박 1/4개

홍고추 1개

소금, 후춧가루 약간씩

오리엔탈 드레싱

간장 1큰술

식초 1큰술

설탕 1큰술

참기름 1큰술

Cooking note

더 맛있는 드레싱 만들기

드레싱은 보통 식초와 오일 등이 1:2의 비율로 섞인다. 이러다 보니 잘 섞어 주지 않으면 기름과 식초 등이 분리되어 겉돌기 쉽다.

맛있는 드레싱을 만들기 위해서는 조금 큰 볼에 드레싱 재료를 넣고 오일을 조금씩 넣어 주면서 완전히 섞이도록 거품기로 잘 저어 주는 것이 좋다.

또르띠야 컵에 담은 야채볶음

멕시코식 밀전병 또르띠야를 이용해 구워낸 파티용 컵에 중국풍으로 볶아낸 소고기 야채볶음을 넣은 요리

1 **또르띠야 컵 만들기** ① 또르띠야는 지름 7cm 길이의 원형 틀로 찍어 준비한다. ② 오븐을 180℃로 예열한 뒤 미니 머핀 팬에 또르띠야를 넣고 손으로 바닥을 꾹꾹 눌러 모양을 잡아준다. ③ 예열된 오븐에 넣어 15분간 굽는다.

2 **쇠고기 썰기** 기름기가 있는 연한 쇠고기 등심을 0.5cm 폭으로 썬다.

3 **채소 손질하기** 파프리카와 양파는 씻어서 3cm 길이로 얇게 채썰고, 아스파라거스도 3cm 길이로 썰어둔다.

4 **버섯 썰기** 버섯은 물기를 제거한 뒤 3cm 길이로 슬라이스한다.

5 **양념장 만들기** 분량의 재료를 고루 섞어 양념장을 만들어 표고버섯과 쇠고기에 양념한다.

6 **고기 볶기** 프라이팬을 달구어 식용유를 약간 두른 뒤 표고버섯을 볶아낸 다음 고기를 물기 없이 볶아 낸다.

7 **채소 볶기** 프라이팬에 아스파라거스, 양파, 파프리카를 순서대로 각각 소금, 후춧가루를 살짝 뿌려가며 센 불에서 볶아 식힌 후 모두 넣어 함께 볶아 낸다.

8 **또르띠야 컵에 담기** 구워서 식혀 둔 또르띠야 컵에 불고기를 소복하게 얹어 피망과 잘 어우러지도록 예쁘게 담고 그 위에 아스파라거스를 하나씩 얹어 장식한다.

재료 [12개 분량]

또르띠야(25cm) 3장
쇠고기 등심 200g
양파 1/2개
파프리카 1/2개
아스파라거스 3개
표고버섯 3개

양념장

굴소스 1큰술
간장 1큰술
정종 1큰술
미림 1큰술
후춧가루 약간

● **또르띠야 컵 만들기**

원형 틀로 찍기

미니 머핀 팬 준비하기

머핀 팬에 모양 잡기

오븐에 굽기

수삼 치즈크림과 금가루

수삼에 쌉쌀한 맛을 부드럽게 해 주는 치즈크림을 곁들이고 그 위에 금가루를 얹은 고급스러운 카나페

만들기

1 수삼 손질하기   수삼은 깨끗이 씻어 0.3cm 두께로 어슷썰고 잔뿌리와 남은 부분은 분쇄기에 넣어 곱게 간다.

2 수삼 치즈크림 만들기   볼에 크림치즈, 수삼 갈은 것, 꿀을 넣고 거품기로 저어 부드럽고 매끄러운 크림 상태로 만든다.

3 카나페 만들기   크래커 위에 크림치즈를 올리고 썰어 놓은 수삼을 얹은 뒤 금가루를 조심스럽게 수삼에 묻혀 접시에 담는다.

재료 [12개 분량]

수삼 2뿌리

크래커 12개

크림치즈 100g

꿀 2큰술

금가루 약간

Cooking note

금가루의 효능

금가루는 소량을 사용할 경우 한방에서 신경을 안정시키고 해독작용이 있으며 그밖에도 피부를 정화시키는 작용이 있어 음식에 장식용으로 사용할 경우 고급스러움을 주는 최고의 효과를 줄 수 있다.

금가루

카나페(canape)

카나페는 핑거푸드(finger food)로 분류되고 있지만 모든 핑거푸드가 카나페는 아니다.

카나페는 밑받침(base : 빵이나 팬케이크 등), 스프레드(spread), 가니시(garnish) 세 층으로 구성되어 있다.

버터나 크림치즈를 이용한 스프레드를 많이 사용하고, 장식용 고명으로는 잘게 썬 야채, 양파, 허브, 캐비어 등 다양한 종류의 음식이 쓰인다.

카나페는 샌드위치보다 먼저 생겨났으며, 칵테일 파티나 양주의 안주에 흔히 쓰이며, 간단한 식사 대용으로도 가능하다.

오르되브르(hors d'oeuvre : 애피타이저)와 파티용을 전제로 하기 때문에 맛도 중요하지만, 모양이 작고 예뻐야 하며, 집어 먹기 편하게 만들어지는 것이 좋다.

돌돌 말아서 만드는 핑거푸드

파티 비프롤

손이 많이 가서 번거로울 수도 있지만 맛과 모양, 영양 균형이 좋은 한식 애피타이저

 **재료** [12개 분량]

쇠고기 200g / 파프리카 1개 / 무순 1줌 / 양파 1개

쇠고기 양념장
양파즙 1큰술 / 간장 1큰술 / 설탕 1큰술 / 후춧가루 약간

겨자 소스
연겨자 1/2작은술 / 샐러드유 1작은술 / 간장 1큰술 / 식초 1작은술 / 레몬즙 1큰술

만들기

1 **쇠고기 재우기** 분량의 쇠고기 양념장을 잘 섞어 고기를 재워둔다.

2 **채소 썰기** 양파, 파프리카는 7cm 길이로 채썰어 놓고, 무순은 깨끗이 씻어 길이를 맞춰 준비한다.

3 **쇠고기 굽기** 달군 프라이팬에 쇠고기를 넓게 펴서 물기 없이 굽는다.

4 **돌돌 말기** 구운 고기를 도마 위에 펴 놓고 그 위에 채썰어 둔 채소를 가지런히 놓고 돌돌 만다.

5 **겨자 소스 만들기** 분량의 재료를 고루 섞어 겨자 소스를 만든다.

6 **그릇에 담기** 말아놓은 비프롤은 한입 크기로 반 잘라 담고 겨자 소스를 곁들여 낸다.

Cooking note

고기를 물기 없이 굽기
쇠고기를 프라이팬에 구으면 육즙이 빠져 나와 물기가 생긴다. 이때 고기를 접시에 덜어 내고, 프라이팬을 다시 달군 후 구우면 물기 없이 부드럽게 구울 수 있다.

Variation 비프 샐러드

고기를 돌돌 말지 않고 한입 크기로 썰어 샐러드 채소와 함께 담으면 비프 샐러드로 즐길 수 있다.

1. 쇠고기 재우기
2. 채소 썰기
3. 쇠고기 굽기
4. 돌돌 말기

새우 써머롤

피시 소스와 땅콩 소스의 풍부한 맛과 함께 즐기는 애피타이저. 메인 요리에도 모두 이용 가능한 여성들에게 인기 많은 요리이다.

만들기

1 **쌀국수 삶기** 쌀국수는 끓는 소금물에 하얗게 삶아 찬물에 여러 번 헹군 뒤 체에 밭쳐 물기를 뺀다.

2 **새우 손질하기** 새우는 머리와 꼬리를 떼내어 껍질을 벗기고 내장을 제거한 후 소금물에 데치고 식으면 반으로 포를 뜬다.

3 **숙주 손질하기** 숙주는 깨끗이 씻어 꼬리와 머리를 떼낸다.

4 **오이 채썰기** 오이는 소금으로 문질러 씻어 6cm 길이로 잘라 돌려 깎아서 채썬다.

5 **고수 잎 떼기** 고수는 모양이 예쁜 잎만 따로 떼내어 흐르는 물에 살짝 씻어 키친타월로 물기를 제거해 준비한다.

6 **라이스페이퍼로 싸기** 뜨거운 물에 라이스페이퍼를 잠깐 담가 불려서 도마나 넓은 접시 위에 놓고 쌀국수, 새우, 숙주, 오이를 넣고 돌돌 말아준다. 이때 매끈한 표면이 위로 올라오도록 하여 마지막 감싸주는 부분에 고수 잎을 넣고 말면 더 예쁜 써머롤을 만들 수 있다.

7 **그릇에 담기** 피시 소스와 땅콩 소스를 곁들여 그릇에 담아 낸다.

재료 [12개 분량]

라이스페이퍼 12장
새우 6마리
쌀국수 20g
숙주 2컵
오이 1/2개
고수 약간

피시 소스

시판용 피시 소스 4큰술
설탕 4큰술
식초 4큰술
다진 홍고추 1큰술
다진 마늘 1큰술
타바스코 1작은술

땅콩 소스

땅콩버터 1큰술
설탕 1큰술
피시 소스 3큰술

Cooking note

피시 소스 만들기
마늘과 고추는 곱게 다져 준비하고 볼에 분량의 재료를 넣고 잘 섞는다.

땅콩 소스 만들기
볼에 땅콩 버터와 설탕을 넣고 피시 소스를 1큰술씩 넣어가며 부드럽게 잘 섞는다.

훈제연어 크림 치즈롤

슈퍼 푸드인 연어로 만들어 영양이 풍부하고 담백한 여성들이 좋아하는 요리

만들기

1 훈제연어 손질하기   훈제연어는 7×3cm 정도로 얇게 슬라이스한다. (시판용 슬라이스된 훈제연어를 구입하면 편리하게 이용할 수 있다.)

2 크림치즈 속 만들기   크림치즈와 홀스래디시, 레몬즙, 딜을 넣고 부드러운 크림상태로 섞어준다.

3 롤 말기   훈제연어 위에 섞어둔 크림치즈를 얹고 돌돌 말아준다.

4 그릇에 담기   작은 그릇에 담고 그 위에 케이퍼를 올려 마무리한다.

재료 [12개 분량]

훈제연어 200g
크림치즈 120g
홀스래디시 2큰술
레몬즙 1/2작은술
딜 1작은술
케이퍼 12개

슈퍼 푸드(super food)

인체 노화 분야 세계적 권위자인 미국의 스티븐 프랫 박사가 제안한 내용이다. 프랫 박사는 고영양 저칼로리인 슈퍼 푸드를 꾸준히 먹으면 심장병, 당뇨병, 치매 예방에 도움이 되며, 슈퍼 푸드를 즐겨 먹을수록 기분이 좋아지고 활력이 생기며, 얼굴색이 좋아지고 삶을 더욱 낙천적으로 받아들일 수 있다고 소개하였다.

14가지 슈퍼 푸드 권장 목록에는 호두·시금치·블루베리·연어·콩·대두·브로콜리·귀리·오렌지·호박·차·토마토·칠면조·요구르트 등이 포함되어 있다.

햄 치즈 브리또

햄과 치즈를 넣어 만든 멕시코 스타일 샌드위치를 파티 사이즈로 변형시킨 요리

1 스프레드 만들기 넓은 볼에 각 분량의 스프레드 재료를 고루 섞어 크림치즈가 곱게 풀리도록 잘 저어준다.

2 또르띠야 굽기 달군 프라이팬에 기름을 두르지 않고 또르띠야를 올려 약한 불에서 굽는다. 너무 많이 구워지면 딱딱해지고 표면이 말라서 찢어지므로 타거나 너무 많이 굽지 않도록 주의한다.

3 스프레드 발라서 말기 김발 위에 또르띠야를 올리고 위에 스프레드를 넓게 펴 바른 뒤 햄, 치즈를 올려 김밥 말듯이 돌돌 말아준다. 중간에 구멍이 생기지 않도록 맨 아랫부분부터 꼼꼼하게 말아주어야 한다.

4 그릇에 담기 양끝 부분을 썬 후 2~3cm 정도의 두께로 썰어서 꼬치로 고정시켜 그릇에 담는다.

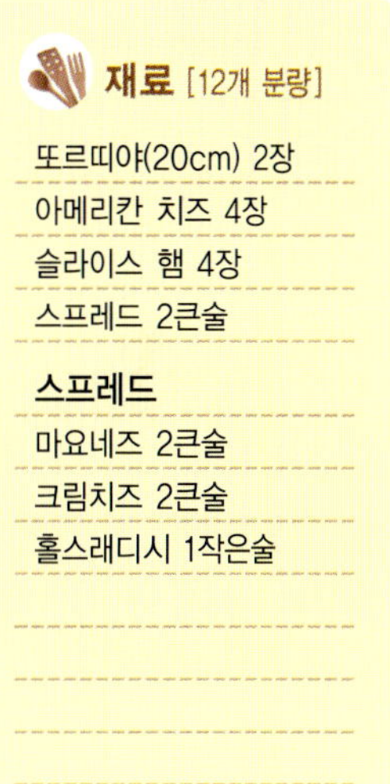

재료 [12개 분량]

또르띠야(20cm) 2장
아메리칸 치즈 4장
슬라이스 햄 4장
스프레드 2큰술

스프레드

마요네즈 2큰술
크림치즈 2큰술
홀스래디시 1작은술

1. 또르띠야 굽기

2. 스프레드 바르기

3. 스프레드 말기

4. 한입 크기로 자르기

애호박전 말이

우리에게 친근한 애호박전을 얇게 부쳐서 돌돌 말아 담은 한국식 파티 요리

만들기

1 **애호박 썰기**   애호박은 깨끗이 손질하여 씻어서 곱게 채썬다.

2 **반죽하기**   볼에 밀가루, 달걀, 우유를 넣고 거품기를 이용하여 곱게 풀어준 후 썰어 놓은 애호박을 넣고 소금, 후춧가루로 간하여 가볍게 섞는다.

3 **전 부치기**   달군 프라이팬에 기름을 살짝 두르고 반죽을 얇게 펴서 노릇하게 전을 부친다.

4 **돌돌 말기**   앞뒤로 노릇하게 지진 전을 김발 위에 놓고 돌돌 말아 준다.

5 **그릇에 담기**   돌돌 말린 단면이 보이도록 그릇에 담고, 그 위에 초고추장을 약간 올린 뒤 호박씨로 장식한다.

Cooking note

한식을 이용한 핑거푸드 만들기
평소에 편하게 즐겨 먹던 한식 메뉴로 담는 방법이나 크기를 작게하여 조리하면 파티용으로 손색 없는 핑거푸드를 만들 수 있다.

재료 [12개 분량]

- 밀가루 또는 부침가루 1컵
- 애호박 1/2개
- 달걀 1개
- 우유 1/2컵
- 초고추장 약간
- 호박씨 12개
- 소금, 후춧가루 약간씩

1. 애호박 썰기

2. 반죽하기

3. 전 부치기

4. 돌돌 말기

북경식 훈제오리 롤

베이징 카오야를 응용한 파티 요리. 또르띠야를 모양틀로 찍어내 훈제된 오리구이
와 대파채와 오이채를 넣고 중국의 맛 짜장 소스로 맛을 낸 메인 메뉴이다.

만들기

1 **또르띠야 준비하기** 또르띠야는 지름 6cm의 틀로 찍어서 준비한다.

2 **대파 채썰기** 대파는 흰부분만 6cm 길이로 잘라서 채썬 후 물에 담
가 매운 맛을 제거한다.

3 **오이 채썰기** 오이는 소금으로 문질러
깨끗이 씻어 대파와 같은 크기로
채썬다.

4 **짜장 소스 만들기** 시판용 짜장 분
말을 끓는 물과 섞어 되직한 농도
의 소스를 만든다.

5 **실파 데치기** 실파는 깨끗이 씻어 끓는
소금물에 살짝 데쳐서 물기를 빼 둔다.

6 **롤 말기** 찜통이나 전자레인지에 데운 또르띠야 위에 훈제오리를
올리고, 대파와 오이를 넣은 뒤 양쪽 끝을 안쪽으로 말아서 실파로
묶는다.

7 **짜장 소스 곁들이기** 롤 사이에 짜장 소스를 튜브에 넣어 짜서 마무
리하고, 그릇에 예쁘게 담아 낸다.

재료 [12개 분량]

또르띠야(20cm) 4장
훈제오리 슬라이스(시판
용) 12조각
대파 1대
오이 1개
실파 12대
짜장 소스(짜장 분말:물
=1:1) 4큰술

Cooking note

베이징 카오야

북경 오리는 원나라 시대부터 전해 내려온 베이징의 전통 요리로 '베이징 카오야' 라고 부른다.
북경 오리는 잘 구어져 카라멜화된 겉껍데기는 바삭바삭하며 고소한 기름 맛이 일품이다. 북경 오리는
얇게 썰어서 소스를 찍어 오이채와 같은 야채와 함께 바오빙이라는 얇은 밀전병에 싸서 먹는다.

야채 무쌈 말이

특별한 조리 과정 없이도 손님 초대 요리나 파티 요리에 좋은 예쁘고 시원한 전채 요리로, 속에 들어가는 재료는 집에 있는 여러 가지 채소를 이용할 수 있다.

만들기

1 **무쌈 물기 빼기** 무쌈(시판용)은 체에 밭쳐 물기를 뺀 후 사용한다.

2 **양파 채썰기** 양파는 0.3cm 두께로 채썰어 물에 20분 정도 담가 매운맛을 없앤 뒤 물기를 빼 둔다.

3 **무순 손질하기** 무순은 6cm 길이로 손질하여 찬물에 담가 불순물을 제거하고 흐르는 물에 씻어 물기를 빼 둔다.

4 **채소 채썰기** 파프리카는 씨를 제거하고 6×0.3cm 정도 크기로 일정하게 채썰고, 오이는 굵은 소금으로 문질러 깨끗이 씻어 6cm 길이로 잘라 돌려깎아 파프리카와 같은 굵기로 채썬다.

5 **실파 데치기** 실파는 끓는 소금물에 식용유를 약간 넣고 살짝 데쳐 준비한다.

6 **무쌈 말기** 준비한 무쌈을 2장씩 겹쳐서 도마 위에 놓고 채썰어 준비한 채소를 예쁘게 올려 돌돌 말아준 뒤 데친 실파로 중간을 묶어 고정시킨다.

7 **그릇에 담기** 빨강, 노랑, 초록 채소가 예쁘게 잘 보이도록 그릇에 담고 소스를 곁들여 낸다.

 **재료** [12개 분량]

무쌈(시판용) 24장
빨간 파프리카 1/2개
노란 파프리카 1/2개
취청오이 1개
무순 1/2팩
양파 1/2개
실파 12대

땅콩 소스
땅콩버터 2큰술
마요네즈 2큰술
연겨자 1작은술
레몬즙 1큰술
설탕 1작은술

쿠킹 플러스 +

무초절이 만들기
재료 : 무 1/2개, 식초 1컵, 설탕 1컵, 소금 2큰술
만들기
무는 얇고 곧은 모양으로 골라 슬라이스 칼을 이용해 얇게 썬다. 볼에 식초, 설탕, 소금을 넣고 설탕과 식초가 녹을 때까지 저어준 뒤 무를 넣고 하루 정도 재워 둔다.

MOUTON CADET
2006
BORDEAUX
BARON PHILIPPE DE ROTHSCHILD
MOUTON CADET
BORDEAUX
BARON PHILIPPE DE

꼬치를 이용한 핑거푸드

새송이버섯 쇠고기 말이

쇠고기 요리에 버섯을 곁들여 한입 크기로 만든 건강까지 생각한 파티 요리

 만들기

1 **쇠고기 재우기** 쇠고기는 길고 도톰하게 썬 것으로 준비해서 분량의 쇠고기 양념장을 넣고 1시간 동안 냉장고에 넣어 재워 둔다.

2 **모차렐라 치즈 썰기** 모차렐라 치즈는 덩어리로 준비해 0.5×0.5× 5cm 크기로 썬다.

3 **새송이 썰기** 새송이 버섯은 0.5cm 두께로 길이로 슬라이스한 뒤 달군 프라이팬에 올리브오일을 두르고 굽는다.

4 **쇠고기 굽기** 새송이 버섯을 구운 프라이팬을 다시 달궈 쇠고기를 물기 없이 굽는다.

5 **돌돌 말기** 송이버섯 위에 쇠고기, 깻잎을 놓고 아랫쪽에 모차렐라 치즈를 놓고 말아준 다음 꼬치로 고정시킨다.

재료 [12개 분량]

새송이버섯 5개
쇠고기 50g
깻잎 6장
모차렐라 치즈 적당량

쇠고기 양념장
양파즙 1큰술
간장 1큰술
설탕 1큰술
후춧가루 약간

Cooking note

쇠고기 요리는 감자와 깻잎, 버섯 등의 채소와 궁합이 잘 맞는다. 다양한 채소를 얇게 썰어 가지 쇠고기 말이, 호박 쇠고기 말이 등 메뉴의 변경이 무궁무진하다.

탄두리 치킨과 요거트 소스

탄두리 소스에 재운 닭가슴살 요리. 향신료의 향이 강하지만 커리파우더에서 느껴지는 친숙한 맛이라 부담없이 즐길 수 있는 메뉴이다.

만들기

1 **탄두리 마리네이드 만들기** 넓은 볼에 탄두리 마리네이드 재료를 넣고 잘 섞어준다.

2 **닭가슴살 준비하기** 닭가슴살은 포를 뜬 후 3cm 폭으로 길게 썬다.

3 **닭가슴살 재우기** 1에 닭가슴살을 넣고 버무려 8시간 정도 재워둔다.

4 **탄두리 치킨 굽기** 오븐팬에 호일을 깔고 기름을 골고루 바른 후 탄두리 치킨을 얹어 200℃로 예열된 오븐에 넣어서 30~40분간 굽는다. 굽는 도중에 뒤집어 가며 소스를 발라준다.

5 **곁들임 채소 썰기** 양파는 링으로 썰어 물에 담가 매운맛을 뺀 뒤 물기를 빼고, 오이는 어슷썰고, 방울토마토는 반 갈라 준비한다.

6 **꼬치에 끼우기** 노릇하게 익은 닭을 오븐에서 꺼내서 꼬치에 끼운 뒤 접시에 담고 곁들임 채소와 요구르트 딥과 함께 낸다.

Cooking note

커리파우더
한 가지 종류의 커리가루가 아니라 10가지 이상의 몸에 좋은 향신료가 섞인 매운맛을 내주는 혼합 향신료이다. 한국에서 파는 시판용 카레가루는 밀가루가 섞인데 비해 인도의 카레가루는 100% 향신료이다.

재료 [12개 분량]

닭가슴살 450g

탄두리 마리네이드
플레인 요거트 1개
커리파우더 1큰술
큐민 1/2작은술
코리엔더 1/2작은술
칠리파우더 1/2작은술
토마토페이스트 1작은술
마늘(chop) 2개
청양고추 1개
생강 1작은술

곁들임 채소
양파, 오이, 셀러리,
방울토마토 등

요구르트 딥
요구르트 1컵
휘핑크림 2큰술
다진 양파 1큰술
다진 오이 1큰술
민트나 고수 1/2작은술
소금, 후춧가루 약간씩

○ 탄두리 새우

살라미 치즈 꼬치

짠맛이 강하고 쫄깃한 이탈리아 햄에 치즈를 넣어 만든 와인 안주

만들기

1 훈제치즈 자르기 훈제치즈는 살라미 안에 넣을 수 있도록 얇게 잘라 준비한다.

2 치즈 넣고 살라미 돌돌 말기 살라미는 반으로 자르고 훈제치즈를 안에 넣고 돌돌 말아준다.

3 꼬치에 끼워 그릇에 담기 살라미 치즈를 꼬치에 꽂아서 그릇에 담는다.

Cooking note

살라미(salami)란?
살라미는 마늘 양념을 하여 발효, 건조시킨 이탈리아의 소시지이다. 다른 햄에 비해 양념맛과 짠맛이 강해 진한 맛을 즐기는 사람들이 선호한다.

재료 [12개 분량]

살라미 6장
훈제치즈 약간

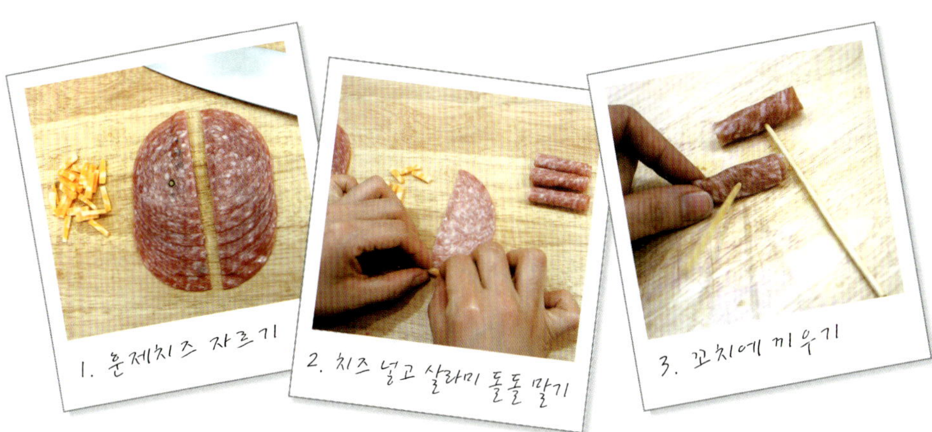

1. 훈제치즈 자르기

2. 치즈 넣고 살라미 돌돌 말기

3. 꼬치에 끼우기

그릴 야채 꼬치

와인 파티에 어울리도록 그릴에 구운 야채를 꼬치에 꽂아 만든 요리. 건강까지 생각한 안주라 중장년층을 대상으로 하는 실제 파티에서 인기 좋은 메뉴이다.

만들기

1 가지 썰기 가지는 도톰하게 어슷썰어 소금을 약간 뿌린다.

2 방울토마토 썰기 방울토마토는 깨끗이 씻어 꼭지를 따고 2등분한다.

3 비타민 씻기 비타민은 잎 부분이 파랗고 예쁜 것으로 골라 씻어 물기를 뺀다.

4 가지 굽기 충분히 달군 그릴에 가지를 올려 굽는다.

5 꼬치 꿰기 꼬치에 가지를 돌돌 말아 끼우고, 그 위로 비타민을 끼운 뒤 맨 위에 방울토마토를 꽂는다.

6 그릇에 담기 그릴 야채 꼬치에 발사믹 소스를 뿌려 낸다.

재료 [12개 분량]

가지 1개
방울토마토 6개
비타민 12개
발사믹 소스 적당량

1. 가지 썰기

2. 방울토마토 썰기

4. 가지 굽기

5. 꼬치 꿰기

쿠킹 플러스 +

그릴 야채 접시 요리
새송이, 표고버섯, 가지, 호박, 파프리카, 마늘 등 각종 계절 야채를 그릴에 구워 접시에 담고 발사믹 소스를 곁들여 보자.

멜론 프로슈토 꼬치

짭짤하면서 쫄깃쫄깃한 햄과 풍부한 단맛의 메론이 환상의 조화를 이룬 전채 요리.
와인과 함께 곁들이는 안주로는 최고의 궁합을 자랑한다.

1 멜론 손질하기   멜론은 손질하여 스쿱으로 동그랗게 파낸다.

2 꼬치에 꿰기   멜론과 프로슈토햄을 함께 긴 꼬치에 꿴다.

Cooking note

프로슈토햄이란?
유럽에는 돼지 뒷다리를 향초와 향신료를 넣고 염장 처리하여 열을 가하지 않고 서늘한 그늘 아래서 오랜 시간 동안 말려서 만드는 햄이 많은데, 이 중 제일 유명한 것이 스페인의 '하몽' 과 이태리 파르마산 치즈로 유명한 파르마 지방의 '프로슈토' 이다. 이탈리아에서는 햄을 프로슈토(prosciutto)라고 불러 이탈리아의 가장 대표적인 햄으로 알려져 있다.

재료 [12개 분량]

멜론 1/2통
프로슈토햄 12장

타파스(tapas)란?
타파(tapa)는 스페인어로 뚜껑을 뜻하는 말이지만 작은 접시에 담아 즐기는 다양한 요리를 뜻하는 말로 현대인들의 취향에 맞아 요즘 트렌드로 자리잡는 메뉴 스타일이다.
주 요리가 나오기 전에 먹는 적은 양의 음식으로 전채요리나 술안주, 간식으로 즐기기에 적당하다.

멜론 타파스

주키니 베이컨 꼬치

주키니 호박의 담백한 맛이 기름진 베이컨의 느끼함을 잡아주는 남녀노소 누구에게나 어울리는 메뉴이다.

만들기

1 주키니 슬라이스하기 주키니는 길이로 2등분하여 감자필러를 이용해 얇고 길게 슬라이스한다.

2 모차렐라 치즈 자르기 모차렐라 치즈는 주키니 폭에 맞춰서 0.5cm 두께로 스틱 모양으로 썰어둔다.

3 꼬치 만들기 도마 위에 베이컨, 주키니를 겹쳐서 올리고 모차렐라 치즈를 아랫쪽에 놓고 돌돌 말아준다.

4 오븐에 굽기 200℃로 예열된 오븐에 넣고 15분간 굽는다.

5 그릇에 담기 말아 놓은 주키니 베이컨을 꼬치에 꽂아 접시에 담는다.

재료 [12개 분량]

주키니 1개
베이컨 12줄
모차렐라 치즈(덩어리)
적당량

Cooking note

주키니, 감자필러를 이용해 얇게 슬라이스하기
주키니나 오이 등을 길고 얇게 슬라이스할 때는 감자필러를 이용하면 손쉽고 예쁘게 슬라이스할 수 있다.

구운 가지와 새우 슈마이

간편하게 이용할 수 있는 냉동 식품을 이용한 핑거푸드로, 색다른 중국식 만두인
새우 슈마이와 가지의 만남이라 할 수 있다.

만들기

1 **새우슈마이 찌기** 시판용 새우슈마이를 김오른 찜기에 넣고 속까지
  부드럽게 푹 익힌다.

2 **가지 썰기** 가지는 도톰하고 길쭉하게 어슷썰어 소금을 약간 뿌린다.

3 **가지 굽기** 충분히 달군 그릴에 가지를 올려 굽는다.

4 **새우 굽기** 새우는 껍질을 벗긴 후 내장을 제거하고 익힌 뒤 반으로
  포를 뜬다.

5 **슈마이에 가지 싸기** 구운 가지 안쪽에 새우 슈마이를 넣고 감싼 뒤
  꼬치로 고정시킨다.

6 **그릇에 담기** 5의 새우 슈마이 위에 구운 새우를 올리고 차이브
  로 장식한다.

Cooking note

슈마이 : 간단한 식사를 뜻하는 '딤섬'의 종류로 돼지고기나 새우 등
을 넣고 쪄낸 중국식 만두를 말한다.

재료 [12개 분량]

새우슈마이(시판용) 12개
가지 2개
중하 6마리
소금, 후춧가루 약간씩
장식용 차이브 약간

1. 새우 슈마이 찌기

2. 가지 썰기

4. 새우 굽기

5. 슈마이에 가지 싸기

콜리플라워 피클

심장과 혈관 건강에 좋은 콜리플라워를 피클로 만들어 채소 요리뿐 아니라 반찬
으로도 먹을 수 있도록 만든 요리

만들기

1 **콜리플라워 손질하기**   콜리플라워는 밑동 부분에 칼집을 넣어 한입
   크기로 썬 후 깨끗이 씻어 물기를 뺀다.

2 **오이 썰기**   오이는 소금으로 박박 문질러 깨끗이 씻어 물기를 빼둔
   다. 피클용 오이가 없을 경우 오이를 5×1cm 정도 크기로 썬다.

3 **피클 단촛물 만들기**   냄비에 분량의 단촛물 재료를 넣고 약한 불에
   서 끓인다. 한번 끓어 오르면 불을 끄고 피클링스파이스를 넣어 채
   소에 부어준 후 떠오르지 않게 접시로 살짝 눌러준다.

4 **피클 담기**   소독한 유리병에 콜리플라워와 오이를 넣고 1주일 정도
   익힌다.

5 **꼬치에 꿰기**   꼬치에 오이피클, 방울토마토, 콜리플라워 피클을 차
   례로 꽂아 고기요리나 메인요리에 곁들여 낸다.

재료 [12개 분량]

| 콜리플라워 1/2개 |
| 피클용 오이 12개 |
| (작은 오이가 없을 경우 |
| 백오이 1개) |
| 방울토마토 12개 |

단촛물
물 1컵
설탕 1/2컵
식초 1/2컵
꽃소금 1큰술
피클링스파이스 1/2작은술

Cooking note

파티에 곁들이면 좋은 사이드 메뉴 (반찬)

와인이 주가 되는 메뉴와 준비되는 곁들이 반찬은 냄새
가 강하거나 흘리기 쉬워 옷의 얼룩 위험이 있는 고춧가
루에 버무린 반찬은 피한다. 하지만 참석하시는 분의 입
맛을 고려해 준비해 두면 좋은데 백김치를 대신 준비하
거나 일식 절임류나 양식 피클류를 대신하면 좋다. 백김
치, 락교, 초생강, 매실절임, 오이피클, 모듬피클 등

사이드 메뉴 (모듬 피클)

매운 닭꼬치

친숙한 맛으로 먹기도 편하고 매콤한 맛이 강해 스트레스 날리는 엔돌핀 요리. 파티
요리는 특성상 부드러운 메뉴가 많은데 젊은층의 메뉴 구성에 넣으면 인기가 높다.

만들기

1 **닭다리살 데치기** 닭다리살은 한입 크기로 썰어 요거트에 버무려 1
시간 정도 두었다가 체에 밭쳐 물기를 제거하고, 다시 소금, 후춧
가루로 밑간을 한다.

2 **대파 썰기** 대파는 흰부분만 3cm 길이로 썰어 준비한다.

3 **마늘 데치기** 마늘은 끓는 소금물에 넣고 살짝 데쳐서 물기를 뺀다.

4 **양념 만들기** 분량의 양념 재료를 한데 넣고 잘 섞어 밑간해 놓은
닭다리살을 넣고 버무린다.

5 **꼬치에 꿰기** 꼬치에 닭다리살-대파-닭다리살-대파-마늘 순으
로 꿰고 양념을 고루 바른다.

6 **그릴에 굽기** 달군 그릴 위에 기름 바른 닭꼬치를 올려서 양념을 발
라가며 타지 않게 굽는다.

7 **그릇에 담기** 맛있게 구워진 꼬치를 그릇에 예쁘게 담는다.

재료 [12개 분량]

닭다리살 500g
정종물(물 3컵+정종 2큰술)
플레인 요거트 1개
소금 1/2작은술
후춧가루 약간
대파 2대
마늘 12개

매콤한 양념소스

굴소스(매콤한 맛)
1과1/2큰술
양조간장 1작은술
핫소스 1과1/2큰술
다진 홍고추 1개
토마토케첩 3큰술
설탕 1큰술
맛술 1/2큰술

1. 닭가슴살 밑간하기

2. 대파 썰기

3. 마늘 데치기

4. 양념 만들기

검은깨 새우튀김

검은깨를 넣은 새우 요리는 와인이나 맥주 안주로도 좋지만 아이들을 위한 간식
으로도 좋은 메뉴이다.

1 **새우 손질하기** 새우는 싱싱한 것으로 골라 물로 가볍게 씻고 등을
 구부려 꼬치로 등쪽 두 번째 마디의 틈을 찔러 내장을 제거한 뒤
 꼬리와 끝 마디만 남기고 껍질을 벗겨 물총을 제거한다.

2 **새우 밑간하기** 새우는 소금, 후춧가루, 레몬주스를 뿌려 10분간 두
 어 살이 탱탱해지고 밑간이 베이도록 한다.

3 **튀김옷 입히기** 새우에 밀가루, 달걀 푼 것, 검은깨, 빵가루 순으로
 묻혀서 180℃ 온도의 기름에서 노릇하게 튀긴다.

4 **그릇에 담기** 새우 꼬리 부분에 꼬치를 꽂아서 그릇에 담고 소스를
 곁들여 낸다.

 **재료** [12개 분량]

중하 12마리
밀가루 1/2컵
달걀 2개
검은깨 2큰술
빵가루 2컵
소금, 후춧가루 약간
레몬주스 1작은술
카놀라유(튀김용) 적당량
타르타르 소스 1/2컵

쉬운 딥 소스 만들기
양파 다진 것 1큰술, 셀
러리 다진 것 1큰술, 마
요네즈 1/4컵, 레몬즙 1
작은술을 혼합하여 딥
소스를 만든다.

카놀라유
카놀라 식물인 유채꽃씨에서
압착하여 추출한 저칼로리
기름으로, 노화 방지에 좋은
토코페롤 성분이 들어 있다.

작은 그릇을 이용한 핑거푸드

미니 떡갈비

한입 크기로 즐기는 깊은 맛의 떡갈비. 한국식 메뉴를 변형한 파티 메뉴로 먹기에도 편하고 보기에도 좋다.

만들기

1 **쇠고기 다지기** 쇠고기 갈비살과 우둔살은 힘줄과 기름기를 제거하고 곱게 다진다.

2 **반죽하기** 다진 고기에 분량의 고기 양념을 넣고 끈기와 윤기가 생길 때까지 치대어 반죽한다.

3 **쇠고기 모양잡기** 고기 반죽을 조금씩 떼내어 지름 4cm 정도의 동글납작하게 경단을 빚듯이 빚어준다.

4 **굽기** 프라이팬에 식용유를 조금만 두르고 약한 불에서 서서히 속까지 익도록 굽는다.

5 **초생강 장식만들기** 초생강은 체에 밭쳐 물기를 뺀 뒤 1cm 폭으로 잘라 동그랗게 말아준다.

6 **그릇에 담기** 잘 구워진 떡갈비를 그릇에 담고 초생강을 올려 마무리한다.

 **재료** [12개 분량]

쇠고기 갈비살 200g
쇠고기 우둔살 100g
초생강 1/2컵

고기 양념

간장 2와1/2큰술
설탕 1과1/2큰술
다진 파 1큰술
다진 마늘 1작은술
깨소금 1과1/2큰술
참기름 1/2작은술
후춧가루 1/4작은술
청주 1/2큰술

Variation

가운데 떡볶이용 떡을 넣어 한입 크기로 갈비처럼 만들어도 좋다.

1. 쇠고기 다지기

2. 반죽하기

4. 쇠고기 모양잡기

5. 초생강 장식 만들기

생연어와 베이비 샐러드

유자의 상큼한 향과 담백하고 진한 맛의 생연어 맛을 그대로 느낄 수 있는 아시안 스타일의 전채 요리

만들기

1 **생연어 절이기** 연어는 접시에 다시마를 깔고 그 위에 올린 다음 슬라이스한 레몬과 다시마로 덮어 1시간 이상 냉장고에 두어 비린내를 제거한다.

2 **베이비채소 씻기** 베이비채소는 흐르는 물에 깨끗이 씻은 뒤 체에 밭쳐 물기를 빼둔다.

3 **레몬 슬라이스하기** 레몬은 길이로 2등분하여 슬라이스한다.

4 **양파 채썰기** 양파는 얇게 채썰어서 물에 담갔다가 매운맛을 뺀 뒤 물기를 제거한다.

5 **연어 썰기** 연어는 한입 크기로 도톰하게 썰어둔다.

6 **그릇에 담기** 작은 그릇에 연어와 레몬, 베이비채소, 양파를 예쁘게 담고 유자 간장 드레싱을 뿌리거나 곁들여 낸다.

재료 [12개 분량]

작은 접시 12개
생연어 200g
베이비채소 약간
양파 1/2개

절임 재료
레몬 1개
다시마 10×20cm
정종 3~4큰술

유자 간장 드레싱
유자청 3큰술
와사비 페이스트 1큰술
양조간장 2작은술
식초 1큰술
설탕 1/2작은술

Cooking note

생연어 절이기

재료 : 레몬 1개, 다시마 10×20cm, 정종 또는 보드카 3~4큰술

1. 반쪽으로 포 뜬 연어의 살을 칼로 다시 한번 깨끗이 정리한다.
2. 절임 재료로 연어를 마리네이드한다.
3. 냉장고에서 하루 동안 보관한다.
4. 서빙할 때는 레몬즙을 골고루 뿌려 상큼한 맛을 가미해 먹으면 더욱 좋다.

동남아식 비빔 쌀국수

베트남 피시 소스를 이용해 이국적이면서도 새콤달콤한 맛으로 우리 입맛에도 잘 맞는 깔끔한 맛의 한입 스타일 비빔 국수

만들기

1 비빔 소스 만들기 마늘은 입자 있게 굵게 다지고, 청양고추는 곱게 다져 볼에 넣고 분량의 비빔 소스 재료를 섞어 소스를 만든다.

2 채소 채썰기 오이는 깨끗이 씻어 곱게 채썰고, 양배추는 곱게 채썰어 찬물에 담가 두었다가 물기를 빼둔다.

3 쌀국수 삶기 쌀국수는 30분간 불렸다가 끓는 소금물에 삶아 하얗게 익으면 찬물에 깨끗이 여러 번 헹군 후 체에 밭쳐둔다.

4 쌀국수 버무리기 준비한 비빔 소스에 쌀국수와 오이, 양배추를 넣고 버무린 후 작은 그릇에 담는다.

5 마무리 하기 취향에 따라 스위트 칠리 소스를 곁들여 고수잎을 올려 낸다.

재료 [12개 분량]

쌀국수(라이스 스틱) 200g
오이 1개
양배추 1/4개
고수잎 약간
스위트 칠리 소스 약간

비빔 소스

피시 소스 1/2컵
설탕 1/2컵
식초 1/2컵
굵게 다진 마늘 1큰술
곱게 다진 청양고추 1개

Cooking note

쌀국수 손질하기
쌀국수는 물에 30분간 불렸다가 끓는 물에 20~30초 간 익혀야 쫀득한 맛을 살릴 수 있다.

토마토 마리네이드

토마토는 맛보다는 건강을 생각하며 먹는 채소이지만 맛있게 먹을 수 있는 이탈리아식 전채 요리. 토마토를 올리브오일에 절여 흡수율을 높였다.

만들기

1 방울토마토 껍질 벗기기 방울토마토는 아랫부분에 열십자로 칼집을 내고 끓는 소금물에 데쳐낸 후 찬얼음물에 씻어 껍질을 벗긴다.

2 소스 만들기 바질은 곱게 다지고, 분량의 소스 재료와 섞는다.

3 방울토마토 마리네이드하기 껍질을 벗겨 준비한 방울토마토를 소스에 버무려 냉장고에 1시간 정도 재워둔다.

4 그릇에 담기 작은 그릇에 베이비채소를 조금씩 담고 차게 준비한 토마토 마리네이드를 담는다.

재료 [12개 분량]

방울토마토 12개
베이비채소 약간

소 스

바질잎 1장
올리브유 1큰술
식초 1큰술
소금 1/2작은술
후춧가루 약간
설탕 약간

● **방울토마토 껍질 벗기기**

문어 초회와 해초 무침

타우린이 풍부한 문어와 식이섬유가 풍부한 해초의 만남. 오징어보다 자주 쓰이진
않지만 문어는 질기지 않고 부드러워 어르신 상차림에 적당하다.

만들기

1 자숙문어 손질하기 자숙문어는 끓는 물에 살짝 데친 후 얇게 슬라
이스한다.

2 해초 무치기 해초는 설탕, 식초를 넣어 새콤달콤하게 무친다.

3 그릇에 담기 작은 그릇에 해초 무침을 넣은 다음 유자 소스를 얹어
주고 문어를 올린다.

4 장식하기 영양부추에 홍고추를 끼워 포인트를 준다.

재료 [12개 분량]

자숙문어 1/4마리

해초 1컵

설탕 1큰술

식초 1큰술

장식용 영양부추 약간

홍고추 1개

유자 소스

유자청 1큰술

식초 2큰술

카놀라유 2큰술

두반장 1작은술

소금 1작은술

자숙문어

문어를 잡자마자 손질한 후 삶거나 쪄
서 냉동시켜 유통되는 문어. 생문어를
잘못 손질하면 질겨지는 경우가 많은데
자숙문어를 이용하면 편리하다.

스노모노(酢物)?

어패류나 야채를 식초로 양념한 일본 요리이며 초무침 또는 초
회라고 한다. 생선·조개·야채 등을 소금에 절여 밑간하고 식
초·설탕·간장을 넣고 새콤하게 무치는 일본 요리이다. 식초
는 비린내를 없애주기도 한다. 스노모노는 샐러드와 비슷한 성
격으로 식사 중에 입가심을 하거나 입안을 산뜻하게 해준다.
스노모노는 술안주나 반찬으로도 사용된다. 요리 종류에는 문
어를 사용한 타코스노모노, 조개를 사용한 가이스노모노, 여러
가지 재료를 섞은 스노모노모리아와세 등이 있다.

크랩 케이크

게살에 채소를 다져 넣어 고소하고 담백하여 작지만 든든한 맥주 안주

만들기

1 게살 준비하기 게살은 살만 곱게 다져 볼에 담아 준비한다.

2 채소 볶기 양파, 당근, 셀러리, 파, 마늘은 곱게 다진 후 프라이팬에 올리브오일을 두르고 소금, 후춧가루를 살짝 뿌려 볶아서 식혀 둔다.

3 베이컨 굽기 베이컨은 노릇하게 구워 키친타월로 기름을 제거한 뒤 곱게 다진다.

4 패티 만들기 볼에 게살 다진 것과 볶아둔 채소와 베이컨, 분량의 달걀, 밀가루, 머스터드, 타바스코, 마요네즈를 넣고 소금, 후춧가루로 간을 한 뒤 버무려 지름 5cm 가량의 패티를 만든다.

5 굽기 4에 빵가루를 고루 입히고 180℃로 예열한 오븐에 넣고 약 20분 가량 노릇해질 때까지 굽는다.

6 그릇에 담기 노릇하게 익은 크랩 케이크 위에 베이컨을 올리고 작은 그릇에 담아 낸다.

재료 [12개 분량]

게살 12줄
베이컨 3줄
다진 양파 2큰술
다진 당근 2큰술
다진 셀러리 2큰술
다진 파 약간
다진 마늘 약간
달걀 2개
밀가루 2큰술
머스터드 2큰술
타바스코 약간
마요네즈 약간
소금, 후춧가루 약간씩
빵가루 2컵
장식용 베이컨 1줄

쿠킹 플러스 +

코울슬로 만들기
재료 : 양배추 1/4개, 당근 1/2개, 셀러리 1/2대, 양파 1/2개
소스 : 마요네즈 1/4컵, 머스터드 1/2작은술, 레몬주스 1큰술, 소금 약간, 후춧가루 약간
＊시판용 코울슬로용 마요네즈를 사용해도 좋다.
만들기
양배추, 당근, 셀러리, 양파는 곱게 채썰어 차가운 물에 잠깐 담갔다가 체에 밭쳐 물기를 빼고 분량의 소스에 버무려 냉장고에 하루 정도 재웠다가 차게 먹는다.

단호박 스프

카로틴이 풍부한 단호박은 낮은 열량을 가진 재료이면서, 비장의 기능을 도와 식욕을 돋우는 효과도 있어 파티 식전 음료로 적당하다.

만들기

1 **단호박 손질하기**　단호박은 4등분으로 잘라 숟가락으로 씨를 제거하고 찜기에 쪄서 익힌다.

2 **단호박 껍질 제거하기**　익힌 단호박은 껍질을 벗겨 속만 발라 낸다.

3 **믹서에 갈기**　단호박과 우유를 1/2 정도 넣고 믹서에 갈아 준다.

4 **우유 넣고 간하기**　**3**에 우유와 꿀을 넣어 섞어 원하는 농도를 맞춰주고 소금으로 간을 한다.

5 **그릇에 담기**　작은 그릇에 단호박 수프를 담고 호박씨를 하나씩 올려서 낸다.

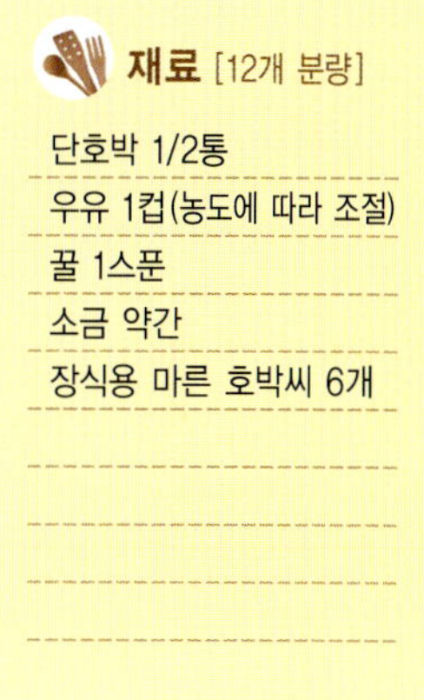

재료 [12개 분량]

단호박 1/2통

우유 1컵(농도에 따라 조절)

꿀 1스푼

소금 약간

장식용 마른 호박씨 6개

쿠킹 플러스 +　**단호박 카나페**

1. 쪄서 익힌 단호박을 곱게 으깨서 크림치즈와 섞어준다.
2. 짜주머니에 넣어 비스킷이나 빵 위에 모양 내서 짜주면 완성된다.

참치를 올린 마

건강에 좋은 마를 갈아서 즙을 낸 후 참치를 올려주고 와사비와 김을 장식한 일
본식 애피타이저

만들기

1 **마 손질하기**　산마는 필러로 껍질을 말끔하게 벗긴 뒤 식촛물에 담
가 떫은 맛을 우려 낸다.

2 **마즙 내기**　식촛물에 담가둔 마를 건져 마른 행주로 물기를 닦은 뒤
강판에 갈아 즙을 낸다. 달걀 흰자와 소금을 적당히 넣어 잘 섞어
준다.

3 **참치 손질하기**　참치는 해동시킨 후 한입 크기로 썬다.

4 **그릇에 담기**　작은 그릇에 마즙을 담고 그 위에 참치를 올린다. 와
사비를 약간 얹고 얇게 자른 김을 올려 장식한다.

재료 [6개 분량]

작은 그릇 6개
산마 200g
냉동 참치 200g
달걀 흰자 1개
소금 약간
식촛물(물 1컵, 식초 1큰술)
와사비 약간
김 약간

Cooking note

마의 효능

마는 강정식품으로 당뇨, 숙취 해소, 여성의 냉대하 등에 특히 좋으며 남성의 스테미너식으로도 좋다.
생으로 갈아 즙으로 먹으면 구토를 억제하는 효과가 있다.
마의 단백질과 비타민이 전신의 영양 상태를 개선하고, 무의 비타민 C는 스트레스에 대한 저항력을 길
러주어 같이 먹으면 좋다.

허브 새우와 구운 마늘

허브에 재운 고단백 새우와 혈관 건강에 좋은 마늘의 궁합이 잘 어울리는 안주

만들기

1 새우 손질하기   새우는 싱싱한 것으로 골라 물로 가볍게 씻고 등을 구부려 꼬치로 등쪽 두 번째 마디의 틈을 찔러 내장을 제거한 뒤 꼬리와 끝 마디만 남기고 껍질을 벗겨 물총을 제거한다.

2 허브 마리네이드하기   볼에 새우를 담고 올리브오일과 소금, 후춧가루, 허브를 뿌려 한 시간 가량 재워 둔다.

3 마늘 데치기와 굽기   깐마늘은 끓는 소금물에 데쳐낸 후 프라이팬에 올리브오일을 두르고 노릇하게 굽는다.

4 방울토마토 썰기   방울토마토는 깨끗이 씻어 꼭지를 떼 내고 4등분 한다.

5 새우 굽기   새우는 약한 불로 프라이팬에 오일을 두르고 구워준다.

6 그릇에 담기   작은 그릇에 약간의 베이비채소나 샐러드 야채를 담고 구운 새우와 마늘, 방울토마토 한 조각을 색맞춰 올려 낸다.

Variation

조리법은 그대로 하고, 꼬치에 꿰어 담으면 다른 느낌의 예쁜 파티 메뉴가 된다.

재료 [12개 분량]

새우 12마리
마늘 12개
방울토마토 3개
베이비채소 약간
올리브오일 1큰술
이탈리언 허브 약간
(타임, 바질 등)
소금, 후춧가루 약간씩

1. 새우 손질하기

2. 허브 마리네이드하기

3. 마늘 소금물에 데치기

5. 새우 굽기

수삼 컵 비빔밥

건강에 좋은 수삼을 이용해서 부담없이 맛있게 즐길 수 있는 파티용 비빔밥

만들기

1 밥 짓기 불린 쌀에 미림과 다시마를 넣고 고슬고슬하게 밥을 짓는다.

2 밥 양념하기 밥은 뜨거울 때 배합초를 넣어 초밥용 밥을 준비한다.

3 수삼 손질하기 수삼은 깨끗이 씻어 0.3cm 두께로 어슷썰고 잔뿌리
와 남은 부분은 분쇄기에 넣어 곱게 간다.

4 새싹채소 손질하기 새싹채소는 손질한 후 깨끗이 씻어 체에 밭쳐
물기를 빼 둔다.

5 그릇에 담기 작은 그릇에 밥을 고슬고슬하게 담고 위에 새싹채소
를 얹은 뒤 초장을 올리고, 수삼을 예쁘게 올려 낸다.

재료 [12개 분량]

밥 2공기
수삼 2뿌리
새싹채소 300g
비빔용 초장 3큰술
배합초 2큰술

배합초
식초 1과1/2큰술
설탕 1큰술
소금 1/2큰술

비빔용 초장
시판용 초고추장 1/4컵
통깨 1큰술
생강즙 1/4작은술
마늘즙 1작은술
사과잼 1큰술
참기름 1작은술

초밥용 밥짓기
초밥용 밥을 지을 때는 다시마 한두 쪽을 넣으면
좋다. 다시마가 밥에 스며들어 구수하고 담백할 뿐
만 아니라 윤기가 돌아 먹음직스러워 보인다. 특히
다시마에 다량 함유된 아미노산은 고혈압 환자에
게 효과적이다.

콜드 파스타

가볍게 먹을 수 있는 샐러드처럼 만들어 차게 해서 먹는 시원한 파스타

만들기

1 푸실리 삶기 푸실리는 끓는 소금물에 넣고 약 10분 동안 삶아 잘 익힌다. 체에 밭쳐 물기를 빼고, 올리브오일을 넣어 버무려 둔다.

2 부재료 손질하기 베이비채소는 깨끗이 씻어 물기를 제거하고, 방울토마토는 깨끗이 씻은 후 1/4등분한다. 블랙올리브는 동그란 모양을 살려 슬라이스한다.

3 레몬 드레싱 만들기 분량의 재료를 잘 섞어 레몬 드레싱을 만든다.

4 그릇에 담기 작은 그릇에 푸실리와 베이비채소, 토마토, 블랙올리브를 고루 담고 위에 레몬 드레싱을 1작은술씩 뿌려 준다.

Cooking note

파스타 삶는 시간

파스타 삶는 시간은 보통 10~13분 정도 조리하는데, 가장 맛있게 조리하는 것은 회사 제품에 따라, 성분에 따라 익는 정도가 다르기 때문에 겉 포장에 표기된 시간대로 정확히 조리하시는 것이 가장 맛있는 상태로 조리하는 법이다.

재료 [12개 분량]

푸실리 200g
베이비채소 약간
방울토마토 3개
블랙올리브 2개
레몬 드레싱 6큰술

레몬 드레싱

레몬즙 2큰술
올리브오일 4큰술
다진 양파 1큰술
소금 1작은술
설탕 1작은술
후춧가루 약간

참치 카르파초

참치의 신선함과 상큼한 드레싱이 입맛을 돋우어 주는 전채 요리

1 **참치 해동하기** 냉동 참치는 잘 구부러질 때까지 해동이 되면 사방 1cm 크기로 깍둑 썰어 올리브오일, 소금, 후춧가루로 밑간을 한다.

2 **드레싱 만들기** 양파, 파프리카, 마늘은 0.5cm 크기로 입자 있게 다지고, 올리브오일, 레몬주스, 설탕, 소금, 후춧가루를 넣어 고루 잘 섞는다.

3 **그릇에 담기** 작은 그릇에 **1**과 **2**를 살짝 버무려 담고, 크레송으로 장식한다. 남은 드레싱은 조금씩 뿌려 준다.

 **재료** [6개 분량]

작은 그릇 6개
냉동 참치 200g

드레싱
양파 1/4개
파프리카 1/4개
마늘 1톨
올리브오일 2큰술
레몬주스 1큰술
설탕 1작은술
소금 1/2작은술
후춧가루 약간

Cooking note

냉동 참치 해동법
1. 냉동 참치는 미지근한 소금물(물 3컵, 소금 1큰술)에 5분 정도 담가 놓는다.
2. 1의 냉동 참치를 건져 깨끗한 면보에 싸서 실온에 20분간 해동시킨다.
3. 냉동 참치가 잘 구부러질 정도로 해동이 되면 젖은 면보에 싸서 사용하기 직전까지 냉장 보관한다.

작아도 든든한 핑거푸드

모둠 스시

파티용 식사 메뉴로 다양한 재료를 이용하여 만들어 볼 수 있는 모둠 스시. 횟감
용 생선이 아니더라도 맛있게 즐길 수 있는 건강한 식사용 메뉴이다.

 **만들기**

1 밥 짓기 불린 쌀에 미림과 다시마를 넣고 고슬고슬하게 밥을 짓는다.

2 밥 양념하기 밥은 뜨거울 때 1공기는 배합초를 넣어 초밥용 밥을 준
비하고, 1공기는 참기름과 깨소금을 넣어 쌈밥용 밥으로 준비한다.

3 케일 데치기 케일은 깨끗이 씻어 끓는 소금물에 식용유 1작은술 정
도를 넣고 살짝 데친 후 물기를 뺀다.

4 된장 소스 만들기 냄비에 참기름을 두르고 마늘과 양파를 볶다가
쇠고기를 넣고 같이 볶아준다. 쇠고기가 익으면 된장, 고추장, 설
탕, 참기름을 넣고 타지 않게 볶아준다.

5 케일 쌈밥 만들기 밥을 1큰술 정도 일정한 양으로 쥐어 동글납작하
게 만들어 케일로 싸서 동그랗고 예쁜 쌈밥을 만든다. 그 위에 만
들어둔 된장 소스를 약간 올리고, 잣을 올려 마무리한다.

6 초밥용 새우 준비하기 초밥용 냉동새우는 접시에 키친타월을 깔고
물기를 제거해 준비한다.

7 새우 초밥 만들기 쌈밥과 동일한 양의 밥을 쥐어 동글납작하게 만
들고 그 위에 와사비를 조금 짜 놓고 초밥용 새우를 밥의 윗부분에
감싸듯이 올려준다.

8 그릇에 담기 그릇에 새우 초밥과 케일 쌈밥을 보기 좋게 담는다.

 **재료** [12개 분량]

밥 2공기
배합초 1과1/2큰술
참기름 1큰술
깨소금 1작은술
케일 6장
초밥용 냉동새우 6개
잣 약간
와사비 약간

된장 소스(쌈밥용)

된장 1과1/2큰술
고추장 1/2큰술
다진 양파 1큰술
다진 마늘 1큰술
고기 다진 것 1큰술
설탕 1/2작은술
참기름 1/2큰술

배합초

식초 3큰술
설탕 2큰술
소금 1큰술

Cooking note

색다른 밥물 내기

- 와인 : 와인의 향과 색이 은은히 난다.
- 다시마 국물 : 감칠 맛을 준다.
- 소금 간한 물 : 입맛 없을 때 좋다.
- 가루 녹차 : 녹차의 이미지를 메뉴화할 때 좋다.
- 육수 : 진하고 담백한 맛, 비빔밥에 사용하면 좋다.
- 식용유 1~2방울 : 밥에 윤기를 준다.

장어 김초밥

스태미너에 좋은 장어와 초생강, 깻잎을 넣어 만든 김초밥. 장어는 비타민 A, E가 풍부하고 고단백질 식품임에도 불구하고 성인병에는 아무런 영향이 없다.

만들기

1 배합초 만들기   분량의 배합초를 팬에 넣고 설탕이 녹을 때까지만 약한 불로 끓인다.

2 초밥 만들기   뜨거운 밥에 배합초를 넣고 주걱으로 자르듯이 섞은 뒤 식힌다.

3 장어 조리하기   장어는 2cm 폭과 길이로 잘라 데리야끼 소스를 바른 뒤 전자레인지에 1분간 돌린다.

4 속재료 손질하기   깻잎은 깨끗이 씻어 물기를 제거하고, 초생강은 체에 밭쳐 물기를 빼 둔다.

5 김밥 말기   김발에 김을 놓고 밥을 얇게 편 다음 깻잎을 올리고 장어와 초생강을 얹은 뒤 단단하게 말아준다.

6 그릇에 담기   먹기 좋은 크기로 썰어 그릇에 담은 뒤 한입 크기로 썬 장어를 올려 장식한다.

Cooking note

초밥이나 김밥은 밥알이 굳지 않는 10℃의 온도에서 보관하는 것이 좋다.

재료 [12개 분량]

시판용 장어구이 1마리
깻잎 8장
초생강 1/2컵
김 4장
밥 4공기
데리야끼 소스 1큰술

배합초

식초 3큰술
설탕 2큰술
소금 1큰술

1. 배합초 만들기

2. 초밥 만들기

3. 장어 조리하기

5. 김밥 말기

차돌박이와 아스파라거스

고소한 차돌박이 구이에 몸에 좋은 채소, 아스파라거스, 마늘을 곁들인 요리

만들기

1 **통마늘 굽기** 통마늘은 끓는 소금물에 데쳐낸 후 프라이팬에 올리브 오일을 두르고 노릇하게 굽는다.

2 **아스파라거스 볶기** 아스파라거스는 깨끗이 씻어 4cm 길이로 자른 뒤 달군 프라이팬에 오일을 약간 두르고 센불에서 재빨리 볶아 낸다. 볶을 때 소금, 후춧가루를 약간 뿌려 준다.

3 **차돌박이 굽기** 차돌박이는 구이용 냉동육으로 모양이 동그랗고 일정한 것으로 고른다. 차돌박이를 달군 프라이팬에 올리고 소금, 후춧가루를 뿌려가며 굽는다.

4 **연겨자장 만들기** 분량의 간장에 연겨자를 잘 풀어준다.

5 **그릇에 담기** 작은 그릇에 구운 차돌박이를 담고 그 위에 아스파라거스와 통마늘을 예쁘게 올리고, 연겨자장을 곁들여 낸다.

 **재료** [12개 분량]

구이용 **차돌박이** 100g

통마늘 12톨

아스파라거스 3개

간장 1큰술

연겨자 1/2작은술

아스파라거스

죽순처럼 순을 먹는 아스파라거스는 아스파라긴산을 비롯, 비타민 C, B_1, B_2와 칼슘, 인, 칼륨 등의 무기질이 풍부하다.
＊굵거나 오래된 아스파라거스는 필러로 얇게 껍질을 벗겨 사용한다.

Variation

차돌박이 구이 위에 나물 무침을 얹으면 담백하고 맛있는 한식 핑거푸드로도 만들 수 있다.

진저윙

맥주 파티와 잘 어울리는 담백한 닭요리. 닭을 생강즙에 재워 생강의 향이 은은
하게 배어 나와 더욱더 맛있다.

만들기

1 **닭날개 삶기** 닭날개는 끓는 물(대파, 통후추, 술 약간)에 넣어 10분간
삶는다.

2 **닭날개 재우기** 올리브오일을 제외한 나머지 재료는 볼에 담아 섞은
후 닭날개에 고루 묻혀 2시간 동안 재워둔다.

3 **오븐에 굽기** 철판에 올리브오일을 바른 뒤 재워둔 닭날개를 놓고
180℃로 예열된 오븐에 넣어 중간중간 양념을 발라가며 15분간 노릇
하게 굽는다.

재료 [12개 분량]

닭날개 12개
간장 2큰술
미림 2큰술
꿀 1큰술
생강즙 3큰술
설탕 1큰술
후춧가루 약간
올리브오일 적당량
대파, 통후추, 술 약간씩

Cooking note

닭날개를 재우기 전에 칼 끝이나 포크로 껍질 쪽
을 2~3군데 찔러 준 뒤 절이면 양념이 쏘옥 맛있
게 배인다.

삼각 주먹밥

속재료를 변화시켜 다양하게 맛을 내는 일본식 간편 요리

만들기

1 배합초 만들기 작은 팬에 분량의 배합초 재료를 넣고 설탕과 소금이 녹을 때까지만 약한 불에서 살짝 끓여 배합초를 만든다.

2 초밥 만들기 뜨거운 밥에 배합초와 레몬즙을 짜 넣고 주걱으로 자르듯이 버무려 고슬고슬하게 섞는다.

3 삼각주먹밥 만들기 삼각주먹밥 틀에 꾹꾹 눌러 넣고 중간에 불고기, 멸치볶음을 각각 넣고 밥으로 덮어 누른다.

4 김으로 감싸기 삼각주먹밥 틀에서 밥을 꺼내어 겉에 김을 붙이고, 와사비 간장과 함께 낸다.

Cooking note

초밥용 밥 짓기

1. 쌀을 씻어 체에 밭쳐 물기를 빼고 1시간쯤 두어 잘 퍼지게 한다.
2. 물은 쌀과 동량으로 넣고 쌀 3컵 정도에 정종 1큰술, 미림 1큰술, 다시마(5×5cm)를 넣고 고슬고슬하게 짓는다.
3. 배합초는 쌀 1컵에 식초 3큰술, 설탕 2큰술, 소금 1큰술 비율로 끓여서 뜨거울 때 사용한다.
4. 초밥을 버무릴 때는 수분이 잘 날아가도록 나무통, 나무 주걱을 사용한다.

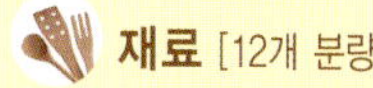

재료 [12개 분량]

뜨거운 밥 4공기
배합초 5큰술
레몬 1/2개
김 2장
멸치볶음 1/2큰술
불고기 1/2큰술

배합초

식초 3큰술
설탕 2큰술
소금 1큰술

1. 배합초 만들기

2. 초밥 만들기

3. 삼각주먹밥 만들기

4. 김으로 감싸기

치킨 랩 샌드위치

카레향이 느껴지는 담백한 닭가슴살과 채소의 아삭함이 잘 어울리는 식사 대용 샌드위치

 **재료** [12개 분량]

또르띠야 6장 / 닭가슴살 6장(요거트 1개, 카레가루 2큰술) / 적 치커리 50g / 로메인 50g / 양파 1/2개

스프레드

마요네즈 4큰술 / 머스터드 1작은술 / 다진 피클 1큰술 / 다진 할라피뇨 1작은술 / 소금, 후춧가루 약간씩 / 설탕 1작은술

만들기

1 **닭가슴살 밑간하기** 닭가슴살은 깨끗이 손질해 물기를 제거한 뒤 요구르트, 카레가루, 소금, 후춧가루로 밑간을 해 재워둔다.

2 **채소 손질하기** 적 치커리, 로메인은 깨끗이 씻은 뒤 키친타월로 물기를 완전히 제거한다.

3 **양파 볶기** 양파는 채썰어서 프라이팬에 기름을 두르고 소금, 후춧가루로 밑간해서 볶는다.

4 **스프레드 만들기** 분량의 재료를 함께 섞어 스프레드를 만든다.

5 **또르띠야 굽기** 또르띠야는 기름 두르지 않은 달군 프라이팬에 타지 않게 구워서 표면이 마르지 않도록 랩이나 적신 키친타월로 덮어둔다.

6 **닭가슴살 굽기** 재워둔 닭가슴살은 식용유 약간 두른 프라이팬에 노릇하게 구워서 180℃로 예열한 오븐에 약 40분간 굽는다. 닭이 식으면 도톰하고 어슷하게 썰어서 준비한다.

7 **샌드위치 싸기** 또르띠야 위에 스프레드를 바르고 준비한 채소와 양파, 닭가슴살을 함께 얹어 김밥 말듯이 돌돌 만다.

8 **포장하기** 먹기 좋은 크기로 썰어 포장한다.

1. 닭가슴살 밑간하기

6. 닭가슴살 굽기

7. 샌드위치 싸기

8. 적당한 크기로 썰기

그릴 야채 치아바타

천연 발효빵인 이탈리아식 치아바타 빵에 그릴에 구운 야채와 치즈를 넣어 만든
담백하고 건강한 맛이 느껴지는 샌드위치

만들기

1 **속재료 손질하기** 가지, 새송이버섯, 주키니 호박, 토마토는 깨끗이
손질해 0.7cm두께로 도톰하게 어슷썰어 소금을 약간 뿌린다.

2 **그릴 팬에 굽기** 그릴 팬을 달군 뒤 가지, 새송이, 주키니 호박을 순
서대로 굽는다.

3 **모차렐라 치즈 썰기** 모차렐라 치즈는 0.5cm 두께로 슬라이스하여
준비해 둔다.

4 **토마토 굽기** 토마토는 소금을 약간 뿌린 뒤 팬에 살짝 구워 낸다.

5 **치아바타 만들기** 치아바타를 반 갈라 스프레드를 바르고, 구워 둔 가
지, 새송이, 주키니 호박, 토마토, 치즈를 넣고 샌드위치를 만든다.

6 **그릇에 담기** 치아바타를 길이로 4등분하여 먹기 편하도록 꼬치로
고정시킨다.

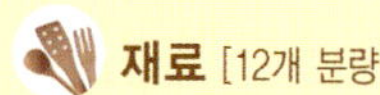

재료 [12개 분량]

치아바타 3개

가지 1개

새송이버섯 1개

주키니 호박 1/2개

토마토 2개

모차렐라 치즈 1개

스프레드

크림치즈 4큰술

마요네즈 2큰술

씨겨자 1큰술

1. 속재료 손질하기

2. 그릴 팬에 굽기

3. 모차렐라 치즈 썰기

5. 치아바타 만들기

미니 햄버거

두툼한 패티의 풍부한 맛과 부드러운 모닝빵으로 만든 작은 사이즈의 버거

만들기

1 패티 재료 준비하기   양파는 곱게 다져서 프라이팬에 볶아 완전히 식힌다.

2 패티 반죽하기   분량의 패티 재료를 섞어 끈기가 생기도록 치대어 모닝롤 크기보다 약간 크게 빚어 둥글납작하게 만든다.

3 패티 굽기   달군 프라이팬에 기름을 약간 두르고 빚어둔 패티의 겉을 지진 후 200℃로 예열한 오븐에 넣어 속까지 익힌다.

4 속재료 준비하기   토마토는 도톰하게 슬라이스해서 소금을 약간 뿌려 팬에 굽고, 양파는 슬라이스하여 찬물에 담가 매운맛을 빼서 물기를 제거한다.

5 미니 버거 만들기   모닝롤은 반을 가르고 스프레드를 바른 뒤 양파, 토마토를 얹고 패티와 체다치즈를 얹어 모닝롤로 덮는다.

6 그릇에 담기   꼬치를 끼워 고정시키거나 샌드랩지로 포장한다.

빵의 종류

1. **바게뜨(baquette)** : 막대 모양으로 생긴 프랑스 빵
2. **크로와상(croissant)** : 프랑스인들이 아침식사용으로 가장 즐기는 빵
3. **베이글(bagel)** : 미국인들이 아침 식사용으로 가장 즐기는 빵. 저지방이라 다이어트에도 좋다.
4. **호밀빵(rye bread)** : 독일 사람들이 가장 즐기는 빵. 거칠고 담백한 맛이 특징이다.
5. **잉글리시 머핀(english muffin)** : 영국 전통 빵. 팽창제를 사용하지 않아 납작하다.
6. **치아바타(chiabatta)** : 이스트를 넣고 반죽하여 올리브오일을 발라 발효시킨 이탈리아 빵
7. **식빵(pan bread)** : 들어가는 재료에 따라 우유식빵, 건포도식빵, 밤식빵 등이 있고, 밀가루 대신 호밀 등 다양한 곡물을 이용하기도 한다.

재료 [6개 분량]

모닝롤 6개
양파 1개
토마토 1개
체다치즈 6장

패 티

쇠고기 200g
돼지고기 100g
달걀 1개
우유 3큰술
빵가루 3/4컵
양파 1/4개
머스터드 1큰술
마늘 1/2작은술
소금 1/4작은술
타임 1/4작은술

스프레드

마요네즈 1/4컵
크림치즈 1/4컵
피클랠리시(다진 피클) 1큰술
홀그래인 머스터드 1큰술
소금, 후춧가루 약간씩
설탕 1작은술
레몬주스 1작은술

보쌈 카나페

한국식 메뉴를 넣고 싶을 때 이용할 수 있는 보쌈을 응용한 요리

만들기

1 통삼겹살 데치기 통삼겹살은 조리용 실로 묶어 단단히 고정시킨 후 끓는 물에 넣어 5분간 데친 후 물을 버린다.

2 된장 국물에 삶기 한번 데쳐 낸 삼겹살과 된장을 비롯한 삶는 국물 재료를 냄비에 넣고 삼겹살이 잠길 정도의 물을 부어 중간 불에서 1시간 가량 삶는다.

3 고추기름 발라서 굽기 속까지 익은 삼겹살을 꺼내어 키친타월로 물기를 제거한 뒤 겉면에 고추기름을 바르고 200℃로 예열한 오븐에 넣어 겉이 노릇해지도록 굽는다.

4 김치 썰기 김치는 줄기 부분만 잘라 내어 5×0.3cm 크기로 채썰고 참기름을 넣고 조물조물 무친다.

5 돼지고기 썰기 오븐에서 꺼낸 돼지고기는 얼음물에 살짝 담갔다가 빼서 1cm 두께로 썬다.

6 카나페 만들기 돼지고기를 접시에 담고 그 위에 무친 김치를 올린 뒤 깨소금을 뿌리고 송송썬 실파를 뿌려준다.

재료 [12개 분량]

통삼겹살 400g
김치 1/4포기
참기름 1작은술
깨소금 약간
실파 1대
고추기름 적당량

삶는 국물
대파 1대
마늘 4톨
생강 1톨
통후추 1작은술
된장 2큰술
인스턴트 커피 1큰술
청주 1큰술

Cooking note

덩어리 고기는 삶은 후 식혀서 썬 다음 다시 조리면 음식이 깔끔하다.
또 하나! 고기를 삶은 뒤 건지지 않고 그 물에 담근 채 천천히 식혔다가 먹기 직전에 썰어 그릇에 담으면 씹는 맛이 한결 부드럽다.

미니 피자

한입 크기로 만든 미니 피자. 토핑을 변형하면 다양한 메뉴로 이용할 수 있다.

만들기

1 피자 도우 만들기 피자빵가루 180g에 미지근한 물 100mL를 넣고 주걱으로 반죽이 뭉칠 때까지 치댄 후 한 덩어리가 되면 손으로 표면이 매끄럽고 탄력이 생길 때까지 10번 정도 힘차게 치댄다.

2 발효시키기 반죽에 비닐을 덮고 따뜻한 곳에 두어 30분간 발효시킨다.

3 소스 만들기 양파는 다져놓고 기름 두른 팬에 볶다가 소금, 후춧가루, 바질을 넣는다. 토마토 소스를 넣은 후 약한 불에서 볶아준다. 소금으로 간을 맞추고 불에서 내린다.

4 토핑 준비하기 블랙올리브는 슬라이스하고, 드라이토마토를 만든다(31쪽 드라이토마토 만들기 참조). 바질잎은 작게 뜯어 둔다. 모차렐라 치즈는 피자용으로 작게 잘라진 것으로 준비하는 것이 편리하나 쫀득하고 늘어지는 피자의 식감을 느끼고 싶다면 후레시 모차렐라나 덩어리 모차렐라 치즈로 준비하는 것이 좋다.

5 피자 도우 성형하기 발효된 반죽을 다시 한번 가볍게 뭉쳐주고, 20등분한다. 분할한 반죽을 동그랗게 밀어 편 후 가장자리가 도톰해지도록 모양을 잡는다.

6 도우 성형하기 기름칠한 철판에 모양을 잡은 피자 도우를 놓고 포크를 사용해 구멍을 낸다.

7 토핑하기 6에 토마토 소스를 바르고, 그 위에 모차렐라 치즈, 올리브, 토마토 등 토핑을 올린 후 실온에서 20분 정도 두어 발효시킨다.

8 피자 굽기 200℃로 예열한 오븐에 넣고 10~15분간 굽는다.

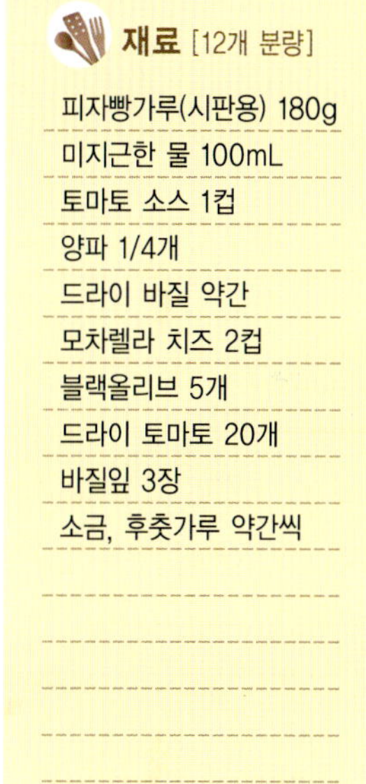

재료 [12개 분량]

피자빵가루(시판용) 180g

미지근한 물 100mL

토마토 소스 1컵

양파 1/4개

드라이 바질 약간

모차렐라 치즈 2컵

블랙올리브 5개

드라이 토마토 20개

바질잎 3장

소금, 후춧가루 약간씩

드라이 토마토

음료와 디저트

블러드 메리

천연 피로회복제인 토마토를 이용한 숙취 해소용 음료

 **만들기**

1 **얼음컵 만들기** 컵에 미리 얼음을 넣어 컵을 차게 만들어둔다.

2 **블러드 메리 만들기** 분량의 재료를 차례대로 넣고 잘 젓는다.

3 **셀러리로 장식하기** 컵에 셀러리를 꽂아 시원하게 마신다.

재료 [4컵 분량]

보드카 4큰술

토마토주스 2컵

레몬주스 1큰술

우스터 소스 약간

핫소스 약간

소금, 후춧가루 약간씩

장식용 셀러리 4개

Cooking note

블러드 메리의 유래

영국의 주당들은 토마토주스를 섞은 칵테일 '블러드 메리' 나 맥주를 해장술로 이용했다고 한다. 블러드 메리는 16세기 중반 영국의 여왕 메리 1세의 이름을 따서 만든 칵테일이다. 메리 1세는 가톨릭을 위해 신교도를 박해했기 때문에 피의 메리라고도 불렸다. 보드카와 토마토주스를 섞어 마시는데 토마토주스의 색깔이 피를 연상케하여 칵테일 이름의 유래가 되었다고 한다.

레몬 모히토

민트의 향기와 레몬의 새콤한 맛을 부담
없이 즐길 수 있는 칵테일 음료

만들기

1 **재료 냉장 보관하기** 애플민트를 제외한 모든 재료를 잘 섞어 시원하
게 냉장고에 보관한다.

2 **섞어 만들기** 차가운 모히토를 유리컵에 붓고 먹기 직전에 애플민트
를 넣어 휘저은 다음 마신다.

재료 [4컵 분량]

라임 8개 or 라임주스 1컵
탄산수 2컵
럼 또는 보드카 1컵
꿀 3큰술
애플민트 14장

Cooking note

모히토

원래 브라질, 쿠바 등의 중남미 지역에서 즐겨 마시는 라임과 민트가 혼합된 칵테
일이다. 헤밍웨이가 쿠바에서 『노인과 바다』를 쓰며 즐겨 마신 것으로 더 유명하
며, 쿠바에 가면 꼭 맛봐야 하는 음료로도 잘 알려져 있다.
이국적인 음료로 과일을 달리해서 만든 애플, 망고 등은 새로운 트렌드로 등극한
칵테일 음료이다.

화이트와인 상그리아

화이트와인의 투명함과 색색의 과일이 있어 시각적으로도 보기좋은 스페인의 대중적인 알코올 음료

만들기

1 재료 준비하기 화이트와인과 탄산수는 미리 냉장 보관해서 차게 준비해 둔다.

2 모양 썰기 사과, 레몬, 천도복숭아는 깨끗이 씻어서 껍질째 웨지 모양으로 썬다.

3 재료 섞기 레몬즙과 탄산수, 사과주스, 과일을 먼저 컵에 담고 화이트와인을 부은 뒤 사이다를 부어 완성한다.

재료

화이트와인 300mL

레몬즙 1큰술

탄산수 200mL＋사과주스 4큰술 (또는 사과맛 탄산음료)

사과 1개

레몬 1개

천도복숭아 1개

Cooking note

탄산수

우리나라 탄산수로는 유명한 초정 탄산수가 있고, 세계적으로는 페리에, 산펠레그리노, 플로세, 라우레따나, 아폴리나리스, 티난트, 타우, 몬테스 등이 있다.

그린티 멜론 피즈

피부에 좋은 녹차와 멜론이 만난 파티 음료. 수박, 오렌지, 살구 등 계절 과일을 다양하게 이용해도 좋다.

 **재료** [12개 분량]

멜론 1/2통 / 레몬 1개 / 오렌지 2개 / 물 4컵 / 설탕 1/2컵 / 바닐라빈 1/2개 / 민트 잎 5줄기 / 녹차 티백 4개

만들기

1 **과일 씻기** 레몬과 오렌지는 껍질을 소금으로 문질러 가며 깨끗이 씻는다.

2 **끓이기** 물과 설탕을 냄비에 넣고 설탕이 다 녹아 끓으면 불에서 내린 후 볼에 담는다.

3 **바닐라빈 넣기** 끓여낸 시럽에 바닐라빈을 반으로 갈라 속을 긁어 볼에 같이 넣는다.

4 **녹차 우리기** 민트잎과 레몬, 오렌지 껍질, 녹차 티백을 함께 넣고 랩으로 덮은 후 10분 정도 두었다가 체에 내려 냉장고에 넣어 차게 한다.

5 **멜론볼 만들기** 멜론을 스쿱으로 동그랗게 파내어 멜론볼을 만들고 꼬치에 끼운다.

6 **컵에 담기** 컵에 차게 우려낸 녹차를 담고 멜론볼을 하나씩 꽂아 장식한다.

석류 에이드

여자들에게 특히 좋은 석류를 이용한 건강 음료

만들기

1 **석류 준비하기** 석류는 반으로 갈라 씨를 빼내어 준비한다.

2 **석류알 넣기** 탄산수에 꿀을 섞어 잘 저어준 후 차게 준비해 둔 컵에 석류알을 넣어 완성한다.

Cooking note

여성들에게 좋은 석류

석류는 천연식물성 에스트로겐이 풍부하게 들어 있다. 열매와 껍질 모두 고혈압 · 동맥경화 예방에 좋으며, 부인병 · 부스럼에도 효과가 있다.

재료 [4컵 분량]

석류 1개

탄산수 4컵

꿀 3큰술

쿠킹 플러스 +

석류 샐러드 만들기

1. 석류알은 알알이 떼어 내고 석류즙은 따로 담아둔다.
2. 양상추, 베이비채소 등 샐러드 채소를 준비한다.
3. 준비된 석류즙에 꿀 1큰술, 식초 1큰술, 소금 1/8작은 술을 잘 섞어 드레싱을 만든다.
4. 채소를 드레싱에 잘 버무려 담고 석류알을 얹어 담아 낸다.

믹스베리 타르트

다양한 딸기로 토핑을 올린 연인들을 위한 한입 크기의 로맨틱 디저트

만들기

1 버터 크림화하기 버터와 크림치즈는 상온에 두어 부드럽게 한 뒤 볼에 넣고 거품기로 저어 크림상태로 만들어준다.

2 타르트 반죽하기 밀가루는 체에 쳐서 미리 준비하여 **1**에 넣고 가볍게 섞는다.

3 휴지시키기 파이 반죽이 한 덩어리가 되면 비닐팩에 넣어 평편하게 편 뒤 냉장고에 1시간 가량 휴지시킨다.

4 휘핑크림 만들기 차가운 휘핑크림을 거품기로 저어 부드럽고 탄력 있는 크림으로 만든다.

5 페이스트리크림 만들기

① 우유, 바닐라빈을 냄비에 넣고 약한 불로 끓인다.

② 달걀노른자는 볼에 담고 멍울을 푼 뒤 설탕을 넣고 밀가루와 옥수수 전분을 체에 내려 멍울 없이 섞는다.

③ ①을 ②에 반쯤 섞어 온도를 맞춘 후 나머지를 ①의 냄비에 넣고 보글보글 끓인 후 얼음볼에 받쳐 식혀준다.

6 바바리안크림 만들기 휘핑크림과 페이스트리크림을 1:1로 가볍게 섞어준다.

7 타르트 굽기 타르트 반죽을 얇게 밀어서 타르트 틀에 앉히고 190℃로 예열한 오븐에 넣고 15분간 노릇하게 굽는다.

8 타르트 만들기 구워진 타르트 안에 바바리안크림을 채우고 위에 블루베리, 복분자, 레드커런트를 예쁘게 얹고 민트잎으로 장식한다.

재료 [00개 분량]

블루베리 50g
복분자 50g
레드커런트 50g
민트잎 약간

타르트 반죽
밀가루 225g
소금 1/8작은술
버터 115g
달걀노른자 1개
찬물 50mL

바바리안크림
휘핑크림 250mL
페이스트리크림 250mL

페이스트리크림
우유 250mL
바닐라빈 1/2개
달걀노른자 2개
설탕 40g
밀가루 5g
옥수수 전분 5g

크렘블뢰

바닐라의 풍미가 살아있는 부드럽고 달콤한 프랑스식 따끈한 디저트

만들기

1 **휘핑크림 끓이기** 휘핑크림을 냄비에 넣고 바닐라빈을 길게 반으로 갈라 속을 긁어 넣은 후 끓인다.

2 **노른자에 설탕 섞기** 달걀노른자와 설탕을 볼에 넣고 노란 크림색이 날 때까지 잘 섞어준다.

3 **크렘블뢰 만들기** 끓은 휘핑크림을 조금 식힌 뒤 **2**에 섞어 거품기로 잘 젓는다. 너무 뜨거울 때 섞으면 노른자가 익어 버리므로 꼭 식힌 후 섞어야 한다.

4 **체에 거르기** 내용물을 고운 체에 걸러 내고 거품이나 덩어리를 없애준다.

5 **오븐에 굽기** **4**를 작은 용기에 70~80% 채워 담아 철판에 놓고, 철판에 물을 약간 채운 뒤 180℃로 예열한 오븐에 30분간 찌듯이 굽는다.

6 **캬라멜화 시키기** 구워진 크렘블뢰 위에 흑설탕을 약간씩 뿌려 토치로 열을 가해 카라멜화시킨 후 용기 그대로 서브한다.

재료 [12개 분량]

재료
휘핑크림 500ml
바닐라빈 1개
달걀노른자 6개
설탕 5큰술
흑설탕 약간

1. 휘핑크림 끓이기

3. 크렘블뢰 만들기

5. 오븐에 굽기

6. 카라멜화 시키기

파인애플 엠브로시아

씹히는 맛이 고소한 코코넛 플레이크와 소화를 도와주는 파인애플을 럼주에 버무린 과일 요리

만들기

재료 [12개 분량]

작은 그릇 12개
파인애플 1/2개
코코넛 플레이크 4큰술
럼 1큰술
소금 1/4작은술
민트잎 약간

1 **파인애플 손질하기** 파인애플은 1.5×3cm 정도 크기로 먹기 좋게 자른다.

2 **엠브로시아 만들기** 볼에 파인애플을 넣고 소금을 뿌린 후 코코넛 플레이크와 럼을 넣고 버무린다.

3 **그릇에 담기** 작은 그릇에 적당한 양을 넣고 민트잎으로 장식한다.

* 파인애플 외에 오렌지나 기타 과즙이 많고 단 과일을 이용해서 만들 수 있다.

엠브로시아 (ambrosia)

엠브로시아는 그리스 신화에 나오는 신들의 음식이다. 엠브로시아에 관한 신화 가운데 가장 유명한 것은 제우스의 아들인 시필로스의 왕 탄탈로스가 올림포스 산에 식사 초대를 받고 갔다가 암브로시아를 훔치는 바람에 벌을 받게 된 이야기이다. 지옥에 떨어진 탄탈로스가 갈증을 느껴 물을 마시려 하면 물이 마르고, 배가 고파 과일을 따 먹으려 하면 가지가 바람에 날려 그의 손길에서 멀어져 그는 영원히 굶주림과 갈증으로 고통을 받게 되었다고 한다.

미니 피칸

크림치즈를 넣어 만든 고소한 파이시트에 부드럽고 달콤한 피칸을 가득 채운 한 입 크기로 만든 파이

만들기

1 **버터 크림화하기** 버터와 크림치즈는 상온에 두어 부드럽게 한 뒤 볼에 넣고 거품기로 저어 크림상태로 만들어준다.

2 **파이 반죽하기** 밀가루는 체에 쳐서 미리 준비하여 ①에 넣고 가볍게 섞어 반죽한다.

3 **휴지시키기** 파이반죽이 한 덩어리가 되면 비닐팩에 넣어 평편하게 편 뒤 냉장고에 1시간 가량 휴지시킨다.

4 **충전물 만들기** 볼에 분량의 충전물 재료를 넣고 고루 섞는데, 이때 거품이 생기지 않도록 주의한다.

5 **파이시트 성형하기** 파이시트를 밀대로 밀어 0.5cm 정도 두께로 만들고, 미니 머핀틀에 꾹꾹 눌러 파이틀을 만든 후 충전물이 부풀지 않게 하기 위해 바닥에 포크로 구멍을 내어 준다.

6 **파이 굽기** 파이 속에 충전물을 80% 가량 채우고 위에 피칸을 얹어 190℃로 예열한 오븐에 넣고 10분간 굽다가 170℃로 온도를 낮추어 15분 정도 더 굽는다.

🍴 **재료** [16개 분량]

장식용 피칸 16개

파이시트
버터 1/2컵(90g)
크림치즈 1/2컵(90g)
밀가루 1컵(125g)

충전물
달걀 1개
흑설탕 3/4컵
녹인 버터 1큰술
다진 피칸 1/2컵

2. 파이 반죽하기

4. 충전물 만들기

5. 파이 시트 성형하기

5. 포크로 구멍 뚫기

복분자 요거트 무스

건강에 좋은 복분자와 세계 5대 건강 식품의 하나인 요거트가 만나 깔끔하고
부드러운 디저트가 탄생하였다.

만들기

1 크림치즈 크림화하기 볼에 크림치즈를 담고 고무
주걱으로 잘 섞어 부드럽게 만든 후 설탕을 넣고
잘 섞는다.

2 거품 내기 냉장고에 넣어둔 차가운 생크림을 거품
기를 이용하여 부드럽고 탄력있는 거품을 만든다.

3 요거트와 섞기 크림치즈에 요거트를 넣어 부드럽
게 섞어준 뒤 생크림을 넣고 거품이 죽지 않도록
가볍게 저어 섞어준다.

4 그릇에 담기 투명한 컵에 요거트 무스와 복분자를
번갈아 담아준 후 차게 보관했다가 서브한다.

재료

복분자 1컵
플레인 크림치즈 125g
(1/2개 분량)
플레인 요거트 1통(100mL)
생크림 1/3컵
설탕 2큰술

Cooking note

무스를 담을 때 짜주머니를 이용하거
나, 짜주머니가 없다면 숟가락으로
예쁘게 담아준다.

Variation 요거트 과일컵

다양한 제철 과일과 함께 손쉽게 즐
겨 먹을 수 있는 디저트

Index

한입크기 핑거푸드

2010년 2월 10일 1판 1쇄
2013년 1월 10일 1판 2쇄

지은이 : 송원경
펴낸이 : 남상호

펴낸곳 : 도서출판 예신
www.yesin.co.kr

140-896 서울시 용산구 효창원로 64길 6
대표전화 : 704-4233, 팩스 : 335-1986
등록번호 : 제03-01365호(2002. 4. 18)

값 12,000원

ISBN : 978-89-5649-073-1

finger food